T0194436

essentials

essentials liefern aktuelles Wissen in konzentrierter Form. Die Essenz dessen, worauf es als „State-of-the-Art" in der gegenwärtigen Fachdiskussion oder in der Praxis ankommt. *essentials* informieren schnell, unkompliziert und verständlich

- als Einführung in ein aktuelles Thema aus Ihrem Fachgebiet
- als Einstieg in ein für Sie noch unbekanntes Themenfelda
- als Einblick, um zum Thema mitreden zu können

Die Bücher in elektronischer und gedruckter Form bringen das Fachwissen von Springerautor*innen kompakt zur Darstellung. Sie sind besonders für die Nutzung als eBook auf Tablet-PCs, eBook-Readern und Smartphones geeignet. *essentials* sind Wissensbausteine aus den Wirtschafts-, Sozial- und Geisteswissenschaften, aus Technik und Naturwissenschaften sowie aus Medizin, Psychologie und Gesundheitsberufen. Von renommierten Autor*innen aller Springer-Verlagsmarken.

Weitere Bände in der Reihe http://www.springer.com/series/13088

Armin Raabe · Peter Holstein

Akustik und Raumklima

Raumkomfortbewertung und
Energieeffizienz

 Springer Vieweg

Armin Raabe
Institut für Meteorologie, Universität
Leipzig
Leipzig, Deutschland

Peter Holstein
Technische Akustik und angewandte
Numerik, Steinbeis Transferzentrum
Taucha, Deutschland

ISSN 2197-6708   ISSN 2197-6716   (electronic)
essentials
ISBN 978-3-658-33323-2   ISBN 978-3-658-33324-9   (eBook)
https://doi.org/10.1007/978-3-658-33324-9

Die Deutsche Nationalbibliothek verzeichnet diese Publikation in der Deutschen Nationalbiblio-
grafie; detaillierte bibliografische Daten sind im Internet über http://dnb.d-nb.de abrufbar.

Planung/Lektorat: Frieder Kumm
Springer Vieweg ist ein Imprint der eingetragenen Gesellschaft Springer Fachmedien Wiesbaden
GmbH und ist ein Teil von Springer Nature.
Die Anschrift der Gesellschaft ist: Abraham-Lincoln-Str. 46, 65189 Wiesbaden, Germany

Was Sie in diesem *essential* finden können

- Grundlegendes Wissen über akustische Verfahren, die Aussagen zu raumklimatischen und energetischen Problemen treffen können.
- Der Praktiker bekommt einen Einblick in die Wirkungsweise, die Messtechnik und die Prüfabläufe neuerer akustische Verfahren, die komplementär zu traditionellen Technologien eingesetzt werden können.
- An Beispielen wird erläutert, wie aus Schallgeschwindigkeiten auf Informationen über Temperatur- und Strömungsfelder in Räumen und aus Schalldruckpegeln auf die akustische Dichtheit und damit Energieverluste geschlossen werden können.

Vorwort

Bei der Diskussion zum Klima, zu dessen Veränderlichkeit verbunden mit zunehmender Lufttemperatur, zunehmenden Extremen wie Hitzewellen oder Dürren wird oft übersehen, dass der Mensch sich schon immer auf die klimatischen Verhältnisse seines Lebensraumes eingestellt hat. Ein Mitteleuropäer macht das am effektivsten, in dem er 80 % seiner Lebenszeit in Innenräumen zubringt, die ihn auf diese oder jene Weise gegenüber dem Unbill der äußeren Verhältnisse abschirmt. Verbunden damit ist ein energetischer Aufwand, um die Innenraumklimaverhältnisse erträglich oder auch behaglich zu gestalten. Die Energieeffizienz der dafür heute verwendeten Methoden steht derzeit auf dem Prüfstand.

Das Innenraumklima hat Auswirkungen auf den Komfort aber auch für die Nutzbarkeit von Räumen unter gewissen technischen Anforderungen. Geeignete raumklimatische Verhältnisse und Anforderungen werden durch die gewünschten oder zulässigen Temperaturverteilungen und Strömungsverhältnisse im Raumvolumen bestimmt. Temperaturgradienten, die durch Wärmequellen wie Heizungen, leistungsstarke elektrische Verbraucher oder auch durch undichte Fenster und Türen entstehen sind unvermeidlich. Für die Regelung einer behaglichen Raumtemperatur, das Vermeiden von Zugluft, die Reduzierung von Energieverlusten ist es deshalb notwendig, ungünstige Konstellationen im Raumklima oder die Ursachen für energetische Verluste zu finden und messtechnisch zu beschreiben.

Die Nutzer der Gebäude, aber auch diejenigen die diese planen und errichten, sind aufgefordert zu einem effektiven Umgang mit Energie bei der Gebäudeklimatisierung. Die zu ergreifenden Maßnahmen werden von einer Reihe gesetzlicher Rahmenbedingungen flankiert. Im August 2020 wurde das neue Gebäudeenergiegesetz (GEG 2020) verabschiedet und trat im November 2020 in Kraft. Damit werden viele Regelungen aus den Vorgaben des Energieeinsparungsgesetzes (EnEG 2013), der Energieeinsparverordnung (EnEV 2014) und des

Erneuerbare-Energien-Wärme-Gesetzes (EEWärmeG 2011) zusammengeführt. In Zusammenhang mit den klimapolitischen Zielen (DENA 2016, DENA 2018) stellen die Maßnahmen zur Energieeffizienz von Gebäuden einen wichtigen Baustein dar. Über ein Drittel der CO_2- Emissionen stehen in Zusammenhang mit Gebäuden aller Art. Dies betrifft sowohl Bestandsgebäude als auch Neubauten von Wohngebäuden bis hin zu industriell genutzten Hallen. Es wird davon ausgegangen, dass im Zusammenhang mit Gebäuden ein enormes Potenzial für die Einsparung von Energie (und damit natürlich auch für Kosten) besteht. Die Verwendung neuer Dämmstoffe, Fenster und Türen, verbesserte klimatische Bedingungen durch optimierte Lüftungen und Heizungsverteilungen sind wichtige Maßnahmen um dieses Potenzial freizusetzen.

Obwohl es für die Aufteilung der Verlustursachen ausführliche Studien und Prognosen gibt (Energieeffizienzstrategie Gebäude, BWE 2015), finden sich kaum Aussagen darüber, wo noch Defizite bezüglich der Datenbereitstellungen und Messungen vorhanden sind und welche Prüfmethoden hier am wirkungsvollsten wären. Die Anforderungen an die energetischen Bewertungen bestehender Gebäude werden allerdings beschrieben. Verschiedene Normen stehen für das Bemühen die Energieeffizienz von Gebäuden bei gleichzeitiger Gestaltung des Innenraumklimas auf vergleichbare Weise zu erfassen (DIN EN 15251) und solche Begriffe wie thermische Behaglichkeit oder Vermeidung des Gefühls von Unbehaglichkeit in Innenräumen einer einheitlichen Interpretation zuzuführen (DIN EN ISO 7730). Energieausweise, Empfehlungen zur Verbesserung der Energieeffizienz und zur Gestaltung des Raumklimas beruhen letztendlich darauf, dass geeignete Verfahrung für Messung und Überprüfung zur Verfügung stehen.

Zur Messung klimatischer und energetisch wirksamer Parameter gibt es eine Reihe traditioneller Verfahren. Mit Thermometern wird beispielsweise die lokale Temperatur an dessen Ort bestimmt. Verneblungen können die Strömungsverhältnisse sichtbar machen. In beiden Fällen wird durch die Messtechnik selbst das zu bewertende Volumen beeinflusst. Unter Umständen ist auch der Messaufwand hoch. Für weitergehende Aussagen versucht man mit Modellen punktuelle Informationen in eine räumliche Darstellung zu übertragen.

Im hier folgenden Text werden Verfahren vorgestellt, die weitgehend ohne die Platzierung von Sensoren oder Sonden im Untersuchungsvolumen auskommen, sodass die raumklimatischen Verhältnisse durch die Messtechnik selbst möglichst wenig beeinflusst werden. In diesem Sinne sind solche akustischen Verfahren berührungslose „Fernerkundungsmethoden". Da diese Verfahren in der Lage sind raumklimarelevante Größen aus der Ferne ‚abhören' zu können, bieten sie auch die Möglichkeit in vergleichbarer Struktur Messdaten zu flächenhaften oder räumlichen Verteilungen von Lufttemperatur und Strömung im Raum zur Verfügung zu stellen, so wie das mit Modellberechnungen versucht wird.

Die steigenden Anforderungen an die Gebäudeklimatisierung verlangen nach innovativen Methoden, beispielsweise einer individuellen Klimatisierung des Arbeitsplatzes (Alsaad und Voelker, 2018). Diese sogenannte ‚personalized ventilation' bezeichnet Fanger (2000) als Klimatisierung des 21. Jahrhunderts.

Energetische Verluste, die durch unkontrollierten oder ungewollten Luftaustausch über Raumöffnungen, Türen, Fenster entstehen, sind zugleich auch Durchgangsstellen für Schallsignale. So kann mit der Methode der akustischen Lecksuche auf einfache Weise nach den Undichtheiten gesucht werden. Vorteilhaft, bei der akustischen Dichtheitsprüfungen sind keine Über- oder Unterdruckverhältnisse zwischen den untersuchten Raumbereichen notwendig wie das beispielsweise das Blower-Door-Verfahren verlangt (Merkel 2020).

Eine Fernerkundung solcher akustischer Lecks ist auch mit einer ‚akustischen Kamera' möglich, mit der die Positionen der Schallquellen an der Oberfläche des Prüfobjektes sichtbar gemacht werden können.

Die vorliegende Schrift konzentriert sich auf die Einführung einiger grundlegenden akustischen Parameter und auf Beispiele zum Ausmessen von Temperatur- und Strömungsfeldern in Innenräumen, sowie zur akustischen Lecksuche. Das soll vor allem die Entwicklung und den Einsatz neuer akustischer Methoden in Ergänzung zu etablierten Methoden anregen.

Armin Raabe
Peter Holstein

Danksagungen

Die Arbeiten zur Verfahrensentwicklungen schließen Beiträge und Aktivitäten vieler Partner ein. Dies reicht von Qualifizierungen über gemeinsame Forschungsprojekte bis hin zu Pilotanwendungen.

Wertvolle Beiträge zur Entwicklung von Anwendungen der akustischen Laufzeittomografie leisteten insbesondere Frau Dr. M. Starke (geb. Barth) und Herr M. Bleisteiner und weitere Mitarbeiter des LIM der Universität Leipzig.

Für die Unterstützung bei der Programmierung von Algorithmen und Messabläufen danken wir Herrn A. Tharandt.

Die Arbeiten mit der Akustischen Kamera erfolgten mit Unterstützung der Kollegen der GFaI e. V. in Berlin. Hier danken wir stellvertretend Herrn D. Döbler.

Von der Firma SONOTEC stammt die Initiative zur Weiterentwicklung der Anwendung der Ultraschalltechnologien für die Dichtheitsmessungen. Besonderer Dank gilt hier der Herren N. Bader und A. Münch.

Unser Dank gilt auch den Herren d'Achard und Holtkamp der Firma Leakworx.

Die Feldstudien wären ohne die Unterstützung von Studienrat J. Ullrich (Rittergutschloss Taucha), Pfarrer N. Piehler (Kirche Dewitz) und Herrn T. Hoffmann (bauphysikalische Beratungen) nicht möglich gewesen.

Inhaltsverzeichnis

Einleitung

1

Das Anliegen der vorliegenden Schrift ist es die Bandbreite akustischer Methoden für die Anwendung auf verschiedene raumklimatische und energetische Probleme zu beschreiben und deren Flexibilität für verschiedene Anwendungen zu demonstrieren. Diese Methoden sind eng an die Entwicklung der Messtechnik und der entsprechenden Rechentechnik gebunden. Letztere erlaubt es zunehmend auch große Datenmengen zu verwerten, sodass der Nutzer Bewertungen anhand von bildlichen Darstellungen von Messergebnissen vornehmen kann. Es ist Ziel der Autoren, anhand von Beispielen und Fallstudien anzuregen, diese Verfahren auch für weitere Anwendungen insbesondere im Hinblick auf den effizienten bzw. optimalen Umgang mit energetischen und raumklimatischen Fragestellungen mit in Betracht zu ziehen.

Schematisch wird das in Abb. 1.1 verdeutlicht. Ein Teil der Anwendungen versucht auf akustischen Weg Innenraumklimaverhältnisse aus Schallgeschwindigkeitsmessungen abzuleiten. Der andere Teil verwendet akustische Techniken zum Nachweis von Schalldurchgängen, um darüber auf energetische Undichtheiten beispielsweise an Fenstern einer Fassade zu schließen.

Die Methoden beruhen auf der Ausnutzung verschiedener physikalischer Gesetzmäßigkeiten, denen die Ausbreitung von Schall unterliegt. Die Entwicklung und Anwendung der Methoden erfolgte in mehreren ingenieur-wissenschaftlichen Projekten und Anwendungsstudien an denen Partner sowohl aus Bereichen der Grundlagen- und angewandten Forschung als auch der Industrie involviert waren.

A. Raabe und P. Holstein, *Akustik und Raumklima,* essentials, https://doi.org/10.1007/978-3-658-33324-9_1

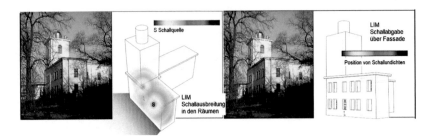

Abb. 1.1　Die Anwendungsbreite der akustischen Methoden. Über Messungen der Schallausbreitung in Innenräumen (links) sind Aussagen zum Raumklima möglich. Über den Nachweis des Schalldurchgangs durch die Fassade sind Aussagen auch zu energetischen Verlusten möglich. Das hier gezeigte Gebäude stammt aus dem Jahr 1861 und beherbergt heute das Institut für Meteorologie der Universität Leipzig. Dieses Gebäude diente für mehrere der hier beschrieben Verfahren als Untersuchungsobjekt

Akustische Grundlagen 2

2.1 Schall als Druckwelle

Die im Text beschriebenen Verfahren beruhen darauf, dass sich Schallwellen definiert im Medium Luft ausbreiten und dabei durch bestimmte physikalische Größen beschrieben werden.

Die Schallwellen entstehen durch die Weiterleitung charakteristischer Druckschwankungen. In fluiden Medien wie Luft zeigen die Druckschwankungen nur in die Ausbreitungsrichtung und erzeugen so nur Longitudinalwellen.

Die Druckschwankungen (Schallwechseldruck) entstehen durch sehr geringes schnelles, periodisches hin- und herbewegen der Luftteilchen (Schallschnelle) (Abb. 2.1). Würde man die Lage der Luftteilchen mitteln, dann bleiben diese am selben Ort. Der Schalldruck richtet sich nicht nach der mittleren Lage der Schallteilchen, sondern nach der mittleren quadratischen Abweichung der Schallteilchen von ihrer mittleren Lage zwischen einem Anfangszeitpunkt t_1 und einem Endzeitpunkt t_2. Eine solche mittlere quadratische Abweichung $\tilde{p}^2$ entspricht dem Effektivwert des Schalldrucks. Dieser kann mit Mikrofonen sehr genau bestimmt werden:

$$\tilde{p}^2 = \frac{1}{t_2 - t_1} \int_{t_1}^{t_2} p^2(t) \cdot dt \qquad (2.1)$$

Da die Effektivwerte des Schalldrucks in einem großen Bereich (sehr leise … sehr laut) auftreten können, hat es sich als günstig erwiesen den aktuell gemessenen Schalldruck als relatives logarithmisches Maß in Dezibel (dB) anzugeben. Die entstehende Zahl L_P wird als Schalldruckpegel bezeichnet.

© Der/die Autor(en), exklusiv lizenziert durch Springer Fachmedien Wiesbaden GmbH, ein Teil von Springer Nature 2021
A. Raabe und P. Holstein, *Akustik und Raumklima,* essentials,
https://doi.org/10.1007/978-3-658-33324-9_2

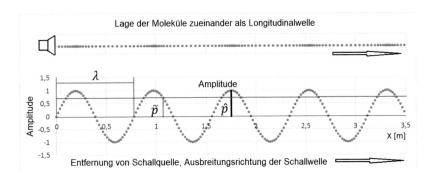

Abb. 2.1 Schematische Darstellung Schall als Longitudinalwelle. Die Darstellung veranschaulicht einen Ton mit der Frequenz von 440 Hz was bei der Luftschallgeschwindigkeit von 343 m/s einer Wellenlänge λ von 78 cm entspricht. Amplitude $\hat{p}$ und Effektivwert $\tilde{p}$ sind gekennzeichnet.

Die Angabe beruht auf dem Dekadischen Logarithmus (log_{10}) und setzt den Effektivwert des Schalldrucks an der Empfängerposition $\tilde{p}_E$ ins Verhältnis zu einem Referenzwert $\tilde{p}_R = 20 \ \mu Pa$, was der menschlichen Hörschwelle entspricht.

$$L_P = 10 \cdot log_{10}\left(\frac{\tilde{p}_E}{\tilde{p}_R}\right)^2 = 20 \cdot log_{10}\left(\frac{\tilde{p}_E}{\tilde{p}_R}\right) \qquad (2.2)$$

Da dann die am Ohr ankommenden Schallwellen einen höheren Schalldruck $\tilde{p}_E > \tilde{p}_R$ haben müssen, wenn dieser hörbar sein soll, ergibt sich ein Schallpegel $L_P > 0$, was üblicherweise als Lautstärke bezeichnet wird.

Die handelsüblichen Schallpegelmesser beziehen den registrierten Schalldruck auf diesen Referenzwert und bewerten zudem noch das Messergebnis, als würde das Messgerät einem menschlichen Ohr entsprechen. Auf den Unterschied zwischen gemessenen akustischen Größen und deren Widerspiegelung durch das Hörempfinden wird hier nicht eingegangen. Die hier verwendete Messtechnik zeichnet Schalldruckwerte auf, ohne dieses Hörempfinden nachzubilden.

2.2 Schallgeschwindigkeit

Die Schallwelle hat eine vom Medium, dessen Temperatur und Bewegungszustand abhängige Ausbreitungsgeschwindigkeit. Da die Schallausbreitung in einem

Gas durch die wechselnde Beeinflussung der in Schwingung versetzten Gasbe-
standteile (Moleküle) erfolgt, berechnet sich die Schallgeschwindigkeit c_L für
eine bestimmte absolute Temperatur T nur aus Größen, die physikalisch die
Molekülstruktur des Gases berücksichtigen. Das sind für Luft die Gaskonstante
$R_L = 287,06 \ m^2 \cdot s^{-2} \cdot K^{-1}$ und ein Adiabatenexponent $k = 1,4$ der gewählt
werden muss, weil die Luft zum Großteil aus zweiatomigen Molekülen besteht
(Stickstoff und Sauerstoff).

Die sog. Laplacesche Schallgeschwindigkeit berechnet sich dann nach

$$c_L = \sqrt{R_L \cdot k \cdot T} = \sqrt{401,88 \cdot T} \ [\text{m/s}] \tag{2.3}$$

Wobei die absolute Temperatur T in (K) einzusetzen ist.

Dieser Zusammenhang zwischen Luftzusammensetzung, Lufttemperatur und
Schallgeschwindigkeit ist gültig für ruhende Luft. Ist die Luft in Bewegung,
dann verändert sich die Schallgeschwindigkeit nach der einfachen Regel, dass
bei Schallausbreitung

- in Strömungsrichtung die Schallgeschwindigkeit um den Betrag der Strömungsgeschwindigkeit erhöht wird,
- gegen die Strömungsrichtung die Schallgeschwindigkeit um den Betrag der
  Strömungsgeschwindigkeit verringert wird,
- quer zur Strömung die Schallgeschwindigkeit nicht beeinflusst wird.

Die so entstehende Schallgeschwindigkeit wird als effektive Schallgeschwindigkeit c_{eff} bezeichnet und ist die Summe aus der temperaturabhängigen Schallgeschwindigkeit c_L und dem dann wirksamen Strömungseinfluss v. Der berechnet
sich aus dem Betrag der Strömungsgeschwindigkeit $\left|\vec{V}\right|$ und dem Richtungsun-
terschied α zwischen Strömungsrichtung und Schallausbreitungsrichtung (Abb.
2.2)

$$c_{eff} = c_L(T) + \left|\vec{V}\right| \cdot \cos\alpha = c_L(T) + \cdot v \tag{2.4}$$

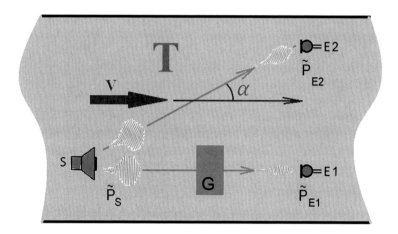

Abb. 2.2 Schallausbreitung in bewegter Luft. Der Schallsender (S) erzeugt ein Schalldruck-signal $\tilde{p}_S$ das an verschiedenen Empfängern als Schalldrucksignal $\tilde{p}_{E1}$ bzw. $\tilde{p}_{E2}$ registriert wird. *Oben: Der Schall durchläuft eine Strecke in einer Zeit zwischen einem Sender (S) und einem Empfänger (E), die durch die mittlere Temperatur (T) und einer möglichen Bewegung der Luft (v) bestimmt ist. Unten: Der Schalldruck nimmt in Abhängigkeit von der Entfernung bzw. durch die zusätzliche Dämpfung beim Durchgang durch einen Gegenstand (G) ab, ohne das sich seine Frequenz verändert.*

2.3 Schallmessung

Wir messen hier die Ausbreitungsgeschwindigkeit von Schall in Luft, wenn zwischen zwei Messpunkten das Schallsignal identifiziert werden kann. Die ersten Messungen der Schallausbreitungsgeschwindigkeit in Luft wurden über die Messung der Zeit durchgeführt, die zwischen dem in der Entfernung sichtbaren Abfeuern einer Kanone und dem später dann in der bekannten Entfernung hörbaren Knall vergeht. Die Messmittel für diese Signallaufzeit lies im 17. Jahrhundert nur eine begrenzte Genauigkeit einer Schallgeschwindigkeitsmessung zu. Die Methode ist aber exakt dieselbe, die für die Bestimmung der Schallausbreitung im Folgenden Verwendung finden wird.

Andere wichtige Eigenschaftes des Schallfeldes beziehen sich auf Größen wie die Schallintensität oder Schalldruck. Wir messen im Folgenden den Schalldruck. Der Schalldruck nimmt in Abhängigkeit von der Entfernung zur Schallquelle in definierter Weise ab. Wenn sich im Schallweg ein Hindernis befindet, wird davon der messbare Schalldruck im Empfänger (Mikrofon) zusätzlich beeinflusst. Beim

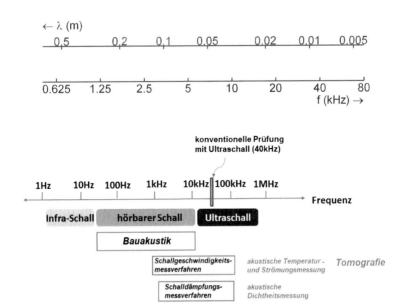

Abb. 2.3 Akustisches Spektrum mit der Unterteilung in Infraschall, Hörschall und Ultraschall. Oben: Mit der Wahl einer Frequenz bei Nutzung von Schallausbreitung in Luft legt man auch die Wellenlänge fest. Die Wellenlänge muss zur Größe der untersuchten Problemstellung passend gewählt werden. Unten: Die hier beschriebenen Verfahren verwenden akustische Signale unterschiedlicher Frequenz, um aus Schallgeschwindigkeits- bzw. Schallpegelmessungen verschiedene Größen (Temperatur, Strömung, Dichtheit) abzuleiten.

Durchgang durch Wände oder Lücken hängt die dadurch verursachte zusätzliche Dämpfung von den Materialeigenschaften und den geometrisch-konstruktiven Situationen ab.

Aus diesen zwei prinzipiellen Herangehensweisen (Abbildung 2.2) leiten sich die vorgestellten Mess- und Prüfverfahren ab. Mit geeigneter Messtechnik und Verfahren können aus den akustischen Daten

Schallgeschwindigkeitsverteilungen und daraus Temperatur- und Strömungsfelder

oder **Schallpegeldämpfung und daraus Stellen von energetischen Verlusten**

abgeleitet werden, was die Grundlage für die Anwendung der in diesem Band beschriebenen raumklimatologischen und –energetischen Anwendungen ist.

Einschränkend gehen wir davon aus, dass die Laplacesche Schallgeschwindigkeit nur von der Temperatur abhängt, da die Luftzusammensetzung weitgehend
konstant ist (auch wenn sich die Luftfeuchte und damit der Wasserdampfanteil in
der Luft ändern kann, s. Kap. 3.9).

Um lokale Unterschiede im Schalldurchleitungsvermögen verschiedener
Gegenstände oder Materialstrukturen zu beschreiben wird das Schalldämmmaß R
benutzt. Das Schalldämmmaß wird aus dem Verhältnis der Schalldruckwerte (G.
2.2) an der Empfängerseite $\tilde{p}_{E1}$ hinter einem Gegenstand und den Schalldruck-
werten auf der Senderseite $\tilde{p}_S$ vor diesem Gegenstand (Abb. 2.2. G) berechnet.
Da anders als in Gl. 2.2 hier $\tilde{p}_{E1} < \tilde{p}_S$ ist definiert man ein Schalldämmmaß in
Dezibel (dB) R > 0 durch Wechsel im Vorzeichen:

$$R = -10 \cdot log_{10}\left(\frac{\tilde{p}_{E1}}{\tilde{p}_S}\right)^2 = -10 \cdot log_{10}\tau \qquad (2.5)$$

Wobei τ den Transmissionsgrad bezeichnet. Das Schalldämmmaß „0" würde
bedeuten, dass die Schallwelle nicht gedämpft wird.

Üblicherweise wird der Norm entsprechend dieses Maß (im hörbaren Bereich)
über alle Frequenzen und Raumrichtungen gemittelt angegeben (DIN EN ISO
717-1). Die hier verwendeten Verfahren berücksichtigen jedoch gerade Signale
verschiedener Frequenzen und zusätzlich die Richtung der Schallausbreitung.

Ein Vorteil der akustischen Verfahren ist deren **Skalierbarkeit**, d.h. die grund-
legende Physik der Schallmessung und Schallsignalverarbeitung/Analyse ändert
sich nicht, wenn das Untersuchungsgebiet seine Ausdehnung ändert. Die Wellenlänge der verwendeten Schallsignale muss allerdings an die Größe der zu
untersuchenden Objekte angepasst werden. Kleine zu untersuchende Objekte
wechselwirken nicht mit großen Wellenlängen, mit kurzen Ultraschallwellen
jedoch schon.

Über die Schallausbreitungsgeschwindigkeit sind Wellenlänge und Frequenz
miteinander verknüpft. Das bedeutet, dass sich die Frequenz f des Schallsignals
beim Durchgang durch verschiedene Gebiete mit unterschiedlicher Schallausbreitungsgeschwindigkeit c nicht ändert, die Wellenlänge λ allerdings schon.
Beispielsweise erkennt man die Stimme einer Person hinter einer Wand weiterhin, da sich trotz Durchgang durch verschiedene Materialien mit unterschiedlicher
Schallausbreitungsgeschwindigkeit der Frequenzinhalt der Stimme nicht groß
geändert hat. Für die akustischen Dichtheitsmessungen sind Frequenzen von etwa

10 kHz bis etwa 100 kHz relevant. Die direkt aus den Frequenzen und der Schallgeschwindigkeit ableitbaren Wellenlängen müssen in geeigneter Relation zur Größe der untersuchten Objekte stehen.

$$c = \lambda \cdot f \tag{2.6}$$

Es sei darauf hingewiesen, dass die Ingenieur-Akustik eine komplexe Disziplin darstellt und sich viele Zusammenhänge nur über wesentlich tiefer gehende Darstellungen erschließen. Hier sei auf die entsprechende Fachliteratur verwiesen.

In Tab. 2.1 sind die hier verwendeten Messgrößen aufgelistet, aus denen sich Aussagen zu raumklimatischen Verhältnissen, zur energetischen Dichtheit und bauakustisch relevanten Fragestellungen ableiten lassen.

Tab. 2.1 Akustische Messgrößen und ableitbare Information

Akustische Messgrößen	Ableitbare Information
Schalldruck	Schalldämpfung des Signals auf seinem Laufweg Entfernungsabhängige Abnahme Durchgang durch Wände Durchgang durch Undichtheiten
Schallgeschwindigkeit	Temperaturabhängigkeit der Schallgeschwindigkeit Richtungsabhängige Variation durch Bewegung der Luft

Verfahren auf der Basis von Schallgeschwindigkeitsmessungen

3.1 Das Messprinzip

Auf einer Strecke zwischen einem Schallsender (S) und eines Schallempfänger (E) breitet sich der Schall also mit einer Geschwindigkeit aus, die durch eine möglicherweise unterschiedliche Lufttemperatur bzw. Luftströmung beeinflusst wird (Abb. 2.2). Unter der Vorrausetzung, dass der Schall den direkten Weg zwischen Schallsender und Empfänger wählt, kann bei bekanntem Abstand D zwischen Sender und Empfänger die Schalllaufzeit τ_{SE} gemessen und so die effektive, temperatur- und strömungsbeeinflusste Schallgeschwindigkeit bestimmt werden:

$$\frac{D}{\tau_{SE}} = c_{eff} = c_L(T_{av}) + \Delta v \qquad (3.1)$$

Um Strömungseinfluss und Temperatureinfluss auf die Schallausbreitungsgeschwindigkeit zu trennen, wird jetzt ausgenutzt, dass die Strömung entlang eines Ausbreitungsweges einerseits eine Erhöhung der effektiven Schallgeschwindigkeit, in der Gegenrichtung jedoch eine Reduzierung (reziproke Anordnung von Schallsendern und Empfängern, Reziprokenmethode, Abb. 3.1) bewirkt.

Durch Summation bzw. Subtraktion der effektiven Schallgeschwindigkeiten entlang der entgegengesetzten Schallausbreitungswege (Hin- und Rückweg) ergibt sich für den temperaturabhängigen Anteil

$$c_L(T) = \frac{D}{2} \cdot \left(\frac{1}{\tau_{SE,HIN}} + \frac{1}{\tau_{SE,RÜCK}} \right) \qquad (3.2)$$

bzw. für den Strömungseinfluss

© Der/die Autor(en), exklusiv lizenziert durch Springer Fachmedien Wiesbaden GmbH, ein Teil von Springer Nature 2021
A. Raabe und P. Holstein, *Akustik und Raumklima*, essentials,
https://doi.org/10.1007/978-3-658-33324-9_3

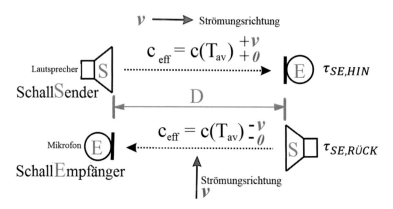

Abb. 3.1 Das akustische Verfahren nutzt reziproke Schallstrecken. Die Schallgeschwindigkeit wird zwischen einem Sender und Empfänger auf einem Weg hin und zurück bestimmt. Strömung wirkt sich dabei im Gegensatz zur Temperatur nur mit dem Anteil auf die Schallgeschwindigkeit aus, der parallel zur Schallausbreitungsrichtung weist

$$\Delta v = \frac{D}{2} \cdot \left(\frac{1}{\tau_{SE,HIN}} - \frac{1}{\tau_{SE,RÜCK}} \right) \qquad (3.3)$$

Die von der Luftbewegung unbeeinflusste Laplacesche Schallgeschwindigkeit c_L repräsentiert dann eine mittlere akustische Temperatur (Gl. 3.4) für die jeweilige Strecke D zwischen Sender und Empfänger. Da hier der Luftfeuchtegehalt eine untergeordnete Rolle spielen soll (vgl. Abschn. 3.9), wird die so akustisch gemessene Temperatur der Lufttemperatur auf einer Schallstrecke D gleichgesetzt:

$$T(D) = 0{,}00248\, K\, \frac{s^2}{m^2}\, c_L^2 - 273{,}15 K \; [°C] \qquad (3.4)$$

3.2 Akustische Temperatur- und Strömungsmessung

Mit einer Anordnung von Sender-Empfänger-Kombinationen (SE-Kombinationen), deren Positionen bekannt sind, ist es als möglich mit der Methode der reziproken Schallausbreitungswege Lufttemperaturwerte und Strömungsgeschwindigkeiten für die Gebiet abzuleiten, die von den Schallsignalen durchlaufen werden.

Dabei können verschieden komplex gestaltete Messanordnungen realisiert werden (Abb. 3.2). Das Wichtigste dabei ist es, die Schallsignallaufzeiten entlang dieser bekannten Schallpfade möglichst genau zu messen.

Im einfachsten Fall stehen sich in einem Raum zwei SE-Kombinationen gegenüber und die Auswertung der Schallsignallaufzeiten entlang der Strecke zwischen beiden Kombinationen ermöglicht es die Lufttemperatur und den Einfluss der Luftbewegung für einen Teil des Raums (hier in Abb. 3.2 a im Wesentlichen nur Teilbereich 5) unter Anwendung der Reziprokenmethode zu ermitteln. Ordnet man an den Wänden eines Raumes mehrere SE-Kombinationen an (in dem Beispiel Abb. 3.2 b sind das vier), dann durchlaufen die Schallwege zwischen all diesen Messpunkten schon jeden hier ausgewiesenen Teilbereich Nr. 1 bis 9. Ein tomografischer Algorithmus wäre jetzt schon anwendbar. Dieser würde die Verteilung von Raumtemperatur- und Strömungswerten innerhalb der Teilbereiche 1 – 9 so ermitteln, dass die beobachteten Schallsignallaufzeiten entlang aller

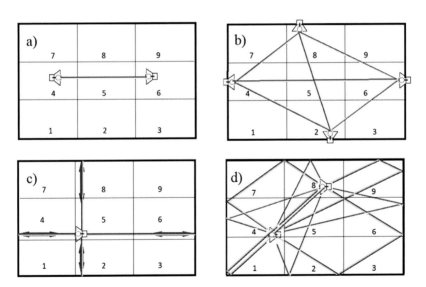

Abb. 3.2 Schematische Darstellung verschiedener Messanordnungen von Sender-Empfängerkombinationen mit zunehmender Komplexität. a,b: direkte Laufzeitmessungen zwischen Schallsendern und Empfängern. c,d: Laufzeitmessung unter Verwendung von Reflexionen der Schallsignale an den Raumbegrenzungen. Die Messanordnungen b) und d) eignen sich für tomografische Rekonstruktion von Temperatur- und Strömungsverteilungen in den hier ausgewiesenen 9 Teilflächen.

Sichtlinien zwischen den Sender-Empfänger-Kombinationen aus der Verteilung von Temperatur und Strömung berechnet werden können. Mit einer zunehmenden Anzahl von SE-Kombinationen an den Raumbegrenzungen ergibt sich eine immer dichtere Abdeckung des Gebietes zwischen den Kombinationen und so wird eine immer feinere Rekonstruktion der Temperatur- und Strömungsverhältnisse ermöglicht. Die Auflösung der tomografischen Rekonstruktion hängt also direkt davon ab, wie viele SE-Kombinationen installiert wurden. Dieses Messverfahren basiert auf der Messung der Schalllaufzeiten auf den direkten, reziprok angeordneten Laufwegen der Schallsignale. Dabei wird angenommen, dass sich die Schallausbreitungswege hin und zurück nicht signifikant unterscheiden.

Der Messaufwand für direkte Schallpfade wird schnell ziemlich groß. Dem kann man beispielsweise dadurch begegnen, wenn man mit Reflexionen der Schallsignale an den Raumwänden arbeitet. Mit einer SE-Kombination wäre es da schon möglich in vier verschiedenen Raumrichtungen Informationen über die Schallgeschwindigkeit und damit Raumtemperaturverteilung zu erhalten (Abb. 3.2 c). Positioniert man zwei SE-Kombinationen geschickt in einem Raum (Abb. 3.2 d), dann durchlaufen die an den Wänden reflektierten Schallsignale (1. Ordnung – Reflexion nur an einer Wand) in unserem Beispiel schon fast alle 9 Teilflächen. Bezieht man Reflexionen ein, die an zwei aneinandergrenzenden Wänden reflektiert werden (Reflexion 2.Ordnung) dann kann man mit nur zwei Messstellen im Raum Informationen über alle neun Teilflächen erhalten. Ein an dieses Messverfahren angepasster tomografischer Algorithmus könnte wieder Verteilungen von Temperatur und Strömung ermitteln, die gerade so gewählt werden, dass die berechneten Schallsignallaufzeiten entlang der bekannten Schallpfade mit denen der beobachteten übereinstimmen. Im Vergleich zu der Messanordnung die mit direkten Schallpfaden arbeitet (Abb. 3.2 b) hat sich der Messaufwand mindestens halbiert.

Dies ist ein Vorteil der für praktikable Lösungen zur Beobachtung der Temperatur- und Strömungsverteilung in Räumen mit den hier diskutierten akustischer Verfahren im Auge behalten werden sollte. Für jede hier schematisch dargestellt Messanordnung wird im folgenden Kapitel eine messtechnische Realisierung gezeigt.

Komplexe Rekonstruktionsverfahren –akustische tomografische Verfahren für die flächenhafte oder auch räumliche Darstellung von Temperatur- und Strömungsfeldern die auf der Basis bekannter Schallpfade arbeiten und Schallsignallaufzeiten verarbeiten sind u. a. in Holstein et al. (2004), Barth und Raabe (2011), Bleisteiner et al. (2016) beschrieben.

3.3   Arbeitsweise akustischer Tomografie

Die Arbeitsweise eines tomografischen Verfahrens soll hier an einem Tomografie-Modell erläutert werden (Abb. 3.3 a, Barth et al. 2011). In dem Fall hier werden 8 SE-Kombinationen um das quadratisch ausgelegte Messgebiet herum verteilt (1,2 m × 1,2 m). Die Positionen dieser SE-Kombinationen werden möglichst genau vermessen und diese bleiben dann während des Messvorgangs unveränderlich. Man hat also bestenfalls $8 \times 7 = 56$ Einzelstrecken zur Verfügung, die die Messfläche möglichst gut abdecken sollten (Abb. 3.3 b).

Nach dem Aufbau (a) und dem Ausmessen (b) der Entfernungen zwischen allen SE-Kombinationen wird für jede Strecke zwischen Sendern und Empfängern die Laufzeit der Schallsignale gemessen. Da die Entfernungen zwischen all diesen Messpunkten bekannt sind, kann jeweils die für die entsprechende Strecke zum Messzeitpunkt relevante effektive Schallgeschwindigkeit $c_{S,E}$ bestimmt werden (Abb. 3.3 c). Unter Anwendung der Reziprokenmethode wird Temperatur (d)- und Strömungseinfluss (e) getrennt dargestellt. Diese Information verwendet dann ein tomografischer Algorithmus, um zu einem bestimmten Messzeitpunkt Temperatur (f) – und Strömungsfelder (g) zu berechnen.

Zu Beginn der Messung gibt es so gut wie keine Unterschiede zwischen den einzelnen Messstrecken. Das ändert sich, wenn zu einer bestimmten Zeit (hier 13:30 Uhr) unter der Teilfläche $j = 14$ (Abb. 3.3 b, orange gekennzeichnet) eine Wärmequelle eingeschaltet wird. Die Schallgeschwindigkeit nimmt zu, was in erster Linie auf eine dann eintretende Erhöhung der Lufttemperatur zurückzuführen ist. Auf der Strecke S1E5 (orange) bzw. zurück S5E1 (rot) werden unterschiedliche Schallgeschwindigkeiten ermittelt, was auf einen nachweisbaren Strömungseinfluss entlang dieser Strecken hindeutet. Die blau gekennzeichneten Strecken S3E8 bzw. S8E3, die nicht über die Wärmequelle hinweggehen, zeigen solche Unterschiede nicht. Alle anderen Strecken (grau) zeigen einen mehr oder weniger starke Beeinflussung durch die Heizung an, was auf deren Verlauf bezüglich der Lage der Wärmequelle zurückzuführen ist (Abb. 3.3 b). Für die Ermittlung einer Streckeninformation zur lufttemperaturabhängigen Laplaceschen Schallgeschwindigkeit (Abb. 3.3 d) oder zum Einfluss der Strömungsgeschwindigkeit (Abb. 3.3 e) stehen für die Reziprokenmethode unter Berücksichtigung von den Hin- und Rückstrecken $56/2 = 28$ unabhängige Streckeninformationen zur Verfügung.

Der nächste Schritt verwendet tomografische Verfahren, um aus diesen auf die vielen Einzelstrecken bezogenen Informationen eine flächenhafte Verteilung von Lufttemperatur (Abb. 3.3 f) bzw. Strömungsgeschwindigkeit (Abb. 3.3 g) zu

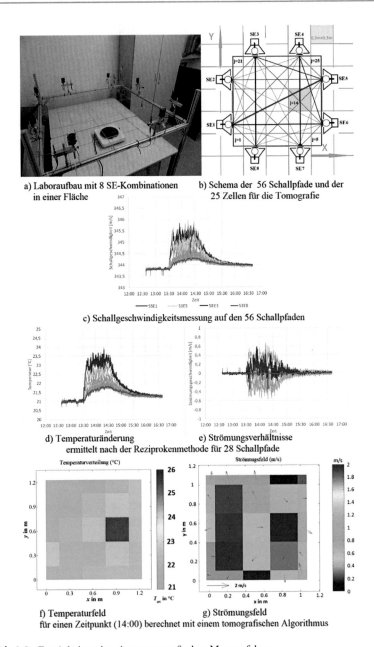

a) Laboraufbau mit 8 SE-Kombinationen
   in einer Fläche

b) Schema der 56 Schallpfade und der
   25 Zellen für die Tomografie

c) Schallgeschwindigkeitsmessung auf den 56 Schallpfaden

d) Temperaturänderung
   ermittelt nach der Reziprokenmethode für 28 Schallpfade

e) Strömungsverhältnisse

f) Temperaturfeld

g) Strömungsfeld
   für einen Zeitpunkt (14:00) berechnet mit einem tomografischen Algorithmus

Abb. 3.3   Zur Arbeitsweise eines tomografischen Messverfahrens

rekonstruieren. Für die Rekonstruktion wird hier das Messgebiet in 25 Teilflächen (Abb. 3.3 b) unterteilt.

Der tomografische Algorithmus (hier Simultaneous Iterative Reconstruction Technique (SIRT)-Algorithmus, Barth und Raabe, 2011) variiert jetzt in dem in Teilflächen zerlegten Messgebiet die Lufttemperatur oder die sich auf die Schallgeschwindigkeit auswirkende Strömungskomponente solange, bis die mit diesen angenommen Verteilungen berechneten Schallsignallaufzeiten mit den beobachteten möglichst gut übereinstimmen.

Der tomografische Algorithmus ermittelt in diesem Beispiel die Lage der Wärmequelle unterhalb der Teilfläche Nr. 14 korrekt.

3.4   Schallsender und Empfänger

Werden Schallsignale aus dem Hörschallbereich verwendet, dann können an die Messaufgabe angepasste Lautsprecher als Schallsender eingesetzt werden. Als Schallempfängern dienen Messmikrofone oder einfache Mikrofone. Einige für die Messbeispiele verwendete Ausführungen solcher Sender oder Empfänger auch als Kombination zeigt Abb. 3.4.

Schallsender: ‚Türmchen' (LIM / Sinus Messtechnik GmbH)

Messmikrofon ¼ Zoll MI-17 der Firma AVM

‚Schalllampe' Sender-Empfänger-Kombination (LIM / GED mbH)

Lautsprecher 360° LIM / TU Berlin (Bleisteiner et al. 2016, © IOP Publishing. Reproduced with permission. All rights reserved)

Der Schallsender besteht aus zwei Lautsprechern (hier verwendet Mikro-Lautsprecher vom Typ KDM-15008-5 der Firma Kingstate), deren Schallsignale durch einen kugelförmigen Reflektor in den Raum gestreut werden. Die „Schalllampe" kombiniert diese Senderanordnung mit einem Mikrofon.

Ein separates Messmikrofon (1/4-Zoll-Elektret-Kondensatormikrofon) kann zur Aufnahme der Schallsignale verwendet werden.

Beide Sendertypen eignen sich um den Schall vorzugsweise in einer Fläche im Raum auszusenden. Der Schallsender kam in dem unter 3.3 beschriebene akustischen Tomografiemodell zum Einsatz. Die Schalllampen wurden beispielsweise für das unter 4.3 gezeigte Messbeispiel verwendet, um die Schallquellen direkt an den Raumwänden befestigen zu können.

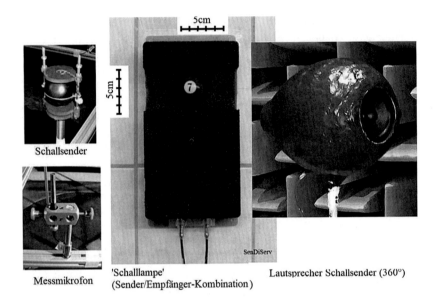

Messmikrofon   'Schalllampe'   Lautsprecher Schallsender (360°)
                (Sender/Empfänger-Kombination)

Abb. 3.4 Verschiedene Ausführungen von Schall-Sendern, Empfängern und deren Kombination. (Nach Raabe und Holstein 2020). Die cm-Skala ermöglicht den Größenvergleich

Das Reflexionsverfahren benötigt einen Sender, der möglichst Schallsignale in allen Richtungen gleichzeitig aussendet was eine besondere Form des Lautsprechergehäuses nötig macht. Mit einer solchen, einer Avocado ähnelnden Lautsprecherform erreicht man gute Ergebnisse (Bleisteiner et al. 2016).

Bei der Wahl der Mikrofone kann man auf handelsübliche 1/4 Zoll Messmikrofone oder ähnliche die den Hörbereich erfassen zurückgreifen. So verwendet das Tomografie-Modell Messmikrofone (AVM MI-17) während in die Schalllampe MEMS-Digitalmikrofone (MP45DT02) eingebaut sind (GED GmbH).

3.5   Digitale Messkarten Soundkarten und Software

Für das Aussenden und Aufzeichnen von akustischen Signalen werden DAQ – Messkarten verwendet mit denen man möglichst mehrere Schallsender bzw. Schallempfänger betreiben/ansteuern kann.

Im Hörfrequenzbereich haben solche Karten meist eine Digitalisierungsrate von ca. 50 kHz (eingesetzt für Bsp. 4.1 und 4.3 das System Harmonie der

Firma SINUS Messtechnik GmbH mit einer Abtastrate 51,2 kHz). Für einkana-
lige Messverfahren (Reflexionsmessungen Bsp. 4.4) fand die DAQ der Fa. Data
Translation DT 9847-1-1 mit einer Digitalisierungsrate 216 kHz Verwendung. Auf
jeden Fall muss eine solche Messkarte samplegenau betrieben werden können,
d. h. zwischen Sendezeitpunkt des Nutzschallsignals und Aufzeichnungsbeginn
des empfangen Schallsignals muss immer die gleiche Zeitspanne vergehen, um
die Genauigkeit der Laufzeitmessungen zu gewährleisten. Die Digitalisierungsrate kann durch eine numerische Nachbearbeitung der empfangenen Signale bis
auf das zehnfache erhöht werden (vgl. Holstein et al. 2004). Das wird jedoch
nicht durch die Hardware, sondern im Rahmen einer softwareseitigen Bearbeitung
der empfangenen Schallsignale erreicht. Allerdings ist das eine Möglichkeit die
Genauigkeit der Laufzeitmessung durch entsprechendes Know-How zu erhöhen
(verwendet für die Messung beschrieben in Pkt. 4.1 und 4.3).

3.6 Struktur des Nutzschallsignals

Da die Verfahren darauf angewiesen sind, messtechnisch die Laufzeit von Schallsignalen entlang bekannter Schallpfade erfassen zu können, ist es wichtig, dass
man die Struktur des ausgesendeten Schallsignals kennt, um dieses am Empfänger
sicher wiederzufinden können.

Die einfachste Möglichkeit besteht darin kurze Schallimpulse bestimmter
Frequenz zu erzeugen. Die Laufzeit der Schallsignale wird dann mit dem Zeitpunkt gleichgesetzt an dem der Pegel des empfangen Signals eine bestimmte
Schwelle überschreitet. Diese Schwellentechnik zeigt gute Ergebnisse, wenn das
Nutzschallsignal sich aus dem Hintergrundrauschen heraushebt. Sie wurde bei
dem unter Pkt. 4.2 vorgestellten Reflexionsmessverfahren eingesetzt (Impulsdauer
1 ms, Signalfrequenz 13 kHz).

Robustere Ergebnisse zeigt in dem Zusammenhang die Korrelationstechnik.
Vorteilhaft vor allem dann, wenn gleichzeitig mehrere Schallsignale an einem
Empfänger aufgezeichnet werden oder sich die Schallpegel der Signale im
Verlaufe der Beobachtungszeit stark ändern oder verrauscht sind.

Dabei wird zwischen der als bekannt vorausgesetzten Struktur des Nutz-
schalls und dem empfangenen Schallsignal die Kreuzkorrelation berechnet, um
den exakte Ankunftszeitpunkt im Empfangssignal herauszufinden.

Wichtig dabei ist, dass die Nutzschallsignale eine eindeutige Struktur besitzen.

Als besonders vorteilhaft haben sich Signale erwiesen, die einem kurzen
Rauschen ähneln. Ein solches Rauschen kann so gestaltet sein, dass eine Kreuzkorrelation zwischen ausgesendetem und empfangenem Signal ein eindeutiges

Maximum ergibt. Ein solches Rauschen wird als pseudostochastisches Rauschen mit maximaler Periodenlänge, engl. MLS: Maximum Length Sequences) bezeichnet (Holstein et al. 2004). Diese Technik wurde erfolgreich eingesetzt, um verschiedene Signale verschiedener Sender an ein und demselben Mikrofon zuverlässig aus dem empfangen Signal herauszufiltern und so deren Laufzeit zwischen dem jeweiligen Sender und dem Mikrofon zu bestimmen (Abb. 3.5).

a *Eine MLS wird an den Lautsprecher gesendet, der im Wesentlichen dieses Signal an die Luft überträgt. Vier Lautsprecher senden gleichzeitig vier verschiedene ML-Sequenzen aus.*

b *Am Mikrofon wird eine Überlagerung aus allen 4 Sequenzen registriert.*

c *Nach der Kreuzkorrelation zwischen empfangenem Signal und bekannter ausgesendeter MLS-Sequenz lassen sich die Signale die von den verschiedenen Sendern stammen aus dem am Mikrofon registrieren Signalverlauf herausfiltern.*

Die Verfahren, die Reflexionen der Schallsignale an den Raumbegrenzungen verwenden, greifen auf Methoden zurück die aus dem Gebiet der Raumakustik

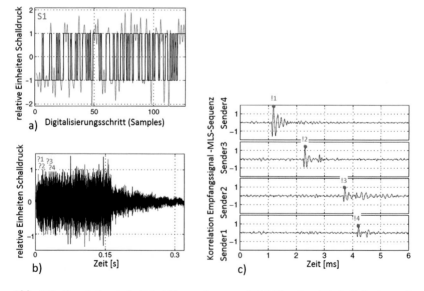

Abb. 3.5 Korrelationstechnik bei Verwendung von MLS-Signalen. (Nach Holstein et al. 2004, © IOP Publishing. Reproduced with permission. All rights reserved))

bekannt sind (Möser 2015). Wird ein definiertes Schallsignal in einem Raum ausgesendet, dann erreichen die Schallsignale auf ganz unterschiedlichen Wegen und damit zu unterschiedlichen Zeiten den Empfangsort. Es entsteht ein Nachhall der in der Raumklang-Qualitätsbewertung als Raumimpulsantwort bezeichnet wird.

Die Raumimpulsantwort ist die Zerlegung der Nachhallstruktur einer definiert ausgesendeten und an anderer Stelle empfangenen Schallsignals in einzelne Echosignale die mit identifizierbaren Schallwegen durch den Raum (z. B. Reflexionen 1. und 2. Ordnung) in Verbindung gebracht werden können. Die Darstellung der ‚Echolautstärke' zu den Eintreffzeiten der Schallsignale wird als Reflektogramm bezeichnet. Die Identifizierung der Laufwege für das Reflexionsmessverfahren erfolgt über den Vergleich der Raumimpulsantwort mit den mithilfe eines Spiegelschallquellenmodells berechneten Echo-Eintreffzeiten (Bleisteiner et al. 2016).

3.7 Akustisches tomografisches Messsystem für Raumklimakontrolle

Das akustische tomografische Messsystem (Abb. 3.6) besteht aus Schallsendern und Schallempfängern, einer zentralen Steuereinheit die die akustischen Signale erzeugt an die Sender weitergibt und die empfangen Signale analysiert. Schließlich werden die beobachteten Temperatur- und Strömungsverteilungen dargestellt was als Grundlage für weitere Auswertungen dient. Ein solches Messsystem wird in Holstein et al. (2004) beschrieben und in einer Realisierung in Raabe und Holstein (2020) gezeigt.

Sender (Lautsprecher), Empfänger (Mikrofone) oder Kombinationen beider Sensoren (Abb. 3.6) werden in dem zu untersuchenden Raum verteilt und deren Positionen bzw. die gegenseitige Lage werden bis auf wenige Millimeter genau vermessen. Die Sender und Empfänger sind miteinander verbunden. Über eine zentrale Steuereinheit werden definierte Schallsignale zu bestimmten Zeiten ausgesendet und nachdem diese die Strecke zwischen Sender und Empfänger zurückgelegt haben am Empfänger aufgezeichnet. Aus der auf jeder Strecke beobachteten Laufzeit wird die Schallgeschwindigkeit berechnet. Unter zur Hilfenahme tomografischer Algorithmen wird daraus dann die bestmögliche Verteilung der physikalischen Größen Temperatur und Strömung in dem von den SE-Kombinationen abgedeckten Raum berechnet. Die Ergebnisse können als Entscheidungshilfe für den Betrieb von klimatisierten Räumen dienen.

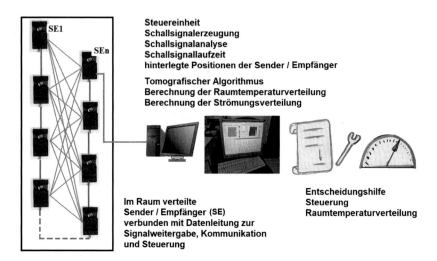

Abb. 3.6 Ein akustisches tomografisches System zur Raumklimaüberwachung besteht aus der Verteilung der Sender/Empfängerkombinationen im Raum und einer Steuereinheit mit der die Messungen ausgelöst und analysiert werden (Raabe und Holstein 2020)

3.8   Die Unsicherheit der akustischen Temperatur- und Strömungsmessung

Die Unsicherheit einer akustischen Temperatur bzw. Strömungsgeschwindigkeitsmessung hängt davon ab, mit welcher Genauigkeit das Messsystem in der Lage ist, die temperaturveränderliche und durch die Strömungsverhältnisse beeinflusste effektive Schallgeschwindigkeit überhaupt messen zu können. Die Genauigkeit der Schallgeschwindigkeitsmessung hängt davon ab, wie genau man die Länge des Schallweges zwischen Sender und Empfänger kennt und wie genau die Laufzeit des Schallsignals überhaupt gemessen werden kann. Der Gesamtfehler setzt sich also zusammen aus dem Messfehler den man macht bei der Festlegung der Länge eines in die Messung einbezogenen Schallpfades und dem Fehler den man bei der elektronischen Laufzeitmessung macht.

Die Ungenauigkeit dc einer einzelnen Schallgeschwindigkeitsmessung c kann man über die Ungenauigkeit dD, mit der die Schallpfadlänge D bekannt ist und die Ungenauigkeit $d\tau$ mit der die Laufzeit τ der Schallsignale gemessen werden kann, abschätzen:

$$c \pm dc = \frac{D \pm dD}{\tau \mp d\tau} \tag{3.5}$$

(ausführlicher bei Barth et al. (2011, S. 7), Ziemann et al. (2017, S. 4175).

Setzt man hier realistische Werte für die Unsicherheiten ein und schätzt man unter Verwendung von $+ dD$ und $-d\tau$ den Größtfehler ab, dann ergibt sich mit folgenden Annahmen (entspricht den für die unter Pkt. 4.3 und 4.4 beschrieben Messungen realisierten Bedingungen):
mittlere Schallpfadlänge in einem Raum: $D = 5$ m.
Unsicherheit der Bestimmung der Schallpfadlänge $dD = 1$ cm.
Unsicherheit der Laufzeitbestimmung $d\tau = 2\,\mu$s
die **Gesamtunsicherheit: dc= 0,7 m/s.**
Das ist zugleich auch die Unsicherheit für die Strömungsmessung $dv = 0{,}7$ m/s. Berechnet man die Lufttemperatur aus der Schallgeschwindigkeit (Gl. 2.3) dann führt das zu einer Unsicherheit der Temperaturmessung $dT = 1{,}2$ K. Wohlgemerkt, das ist die größtmögliche Unsicherheit einer Einzelmessung.

Um diese Unsicherheit zu verringern sind zwei Möglichkeiten bei den Messungen realisiert worden.

1. Die Verteilung der SE-Kombination im Raum wird als unveränderlich betrachtet ($dD = 0$ cm). Das ist bei einem fixierten Messaufbau realisierbar. Die Messung startet dann zu einem bestimmten Zeitpunkt (am besten dann, wenn man vermutet, dass im Raum keine oder nur geringe Temperaturunterschiede und so gut wie keine Strömung auftritt). Diesen Zeitpunkt (Messung der Lufttemperatur mit einem unabhängigen Thermometer) nimmt man als Ausgangspunkt für eine Messung und registriert mit dem Messsystem in der nachfolgenden Zeit relativ dazu nur die Änderungen. Damit reduziert sich der Größtfehler der Temperaturmessung auf 0,2 K und der Fehler für die Strömungsmessung auf 0,1 m/s selbst dann, wenn die Genauigkeit der Laufzeitbestimmung nur noch $d\tau = 5\,\mu$s beträgt.

2. Man bildet Mittelwerte, indem man mehrere Messungen hintereinander ausführt und diese dann zu mittleren Werten zusammenfasst die jeweils einen Zeitbereich repräsentieren, der für die Bewertung der Verhältnisse relevant ist. Das können 1-minwerte oder 10-minwerte sein.

3.9   Messfehler bei veränderlicher Luftzusammensetzung

Hier wird davon ausgegangen, dass die Luftzusammensetzung während der Messungen unveränderlich ist. Die Luft ist allerdings ein Gasgemisch. Veränderungen in der Luftzusammensetzung würden zu Messfehlern bei der Temperaturmessung führen, weil sich die Schallgeschwindigkeit verändert, wenn sich das Mischungsverhältnis der in der Luft vorhanden Gase (Stickstoff, Sauerstoff, Argon, Kohlendioxid) verändern würde, aber das Messgerät weiterhin von unveränderter Luftzusammensetzung ausgeht.

Trotzdem – in Innenräumen kann beispielsweise bei schlechter Lüftung der CO_2-Gehalt von dem CO_2-Anteil in der Außenluft (0,04 %) abweichen. Erhöht sich der CO_2-Gehalt in der Innenraumluft beispielsweise um das 10-fache (0,4 %), ev. wird durch Atmung Sauerstoff verbraucht, dann ergeben Abschätzungen, dass dadurch ein Fehler von 0,5 K für die Lufttemperaturmessung entsteht.

Eine variable Luftzusammensetzung muss jedoch immer mit in Betracht gezogen werden, weil unter natürlichen Verhältnissen sich die Zusammensetzung der Luft durch unterschiedliche Luftfeuchteanteile verändert. So erzeugt bei gleichbleibender Lufttemperatur eine Feuchtegehaltsänderung der Luft von 1 g/kg eine Änderung der Schallgeschwindigkeit um etwa 0,1 m/s und damit eine Verfälschung der Temperaturangabe um 0,15 K.

Wenn in einem Raum eine Lufttemperatur von 20 °C eingestellt ist und die Luftfeuchtigkeit 50 % beträgt, dann würde eine akustische Temperaturmessung 21,1 °C anzeigen. Schwankt jetzt bei konstanter Lufttemperatur die Luftfeuchtigkeit zwischen 30 % und 70 %, dann variiert die angezeigte akustisch gemessene Lufttemperatur zwischen 20,7 und 21,5 °C. Es entsteht so ein Fehler in der Lufttemperaturmessung von ±0,4 K, die allein aus der Luftfeuchteänderung resultiert und die nichts mit einer Lufttemperaturänderung zu tun hat.

3.10   Generelles zur Unsicherheit

Die Messunsicherheit der akustischen Größen hat den größten Einfluss auf tomografisch bestimmte Temperaturangaben und Werte für lokale Luftströmungen. Die Einflüsse der Gaszusammensetzung und Luftfeuchte sind unter normalen Innenraumbedingungen geringer und können in der Regel vernachlässigt werden. Die hier beschrieben Messtechnik kann in Innenräumen lokale Lufttemperaturunterschiede von weniger als 0,5 K und lokale Änderungen im Strömungsfeld von weniger als 0,2 m/s nachweisen. Diese Nachweisgrenzen reichen für eine

Bewertung der Raumklimasituation aus, um mit den beobachteten Daten Entscheidungen für eine Raumklimagestaltung und -regelung zu treffen.

Anwendungen tomografischer Messungen

4

Wenn man davon ausgeht, dass man die Entfernungen zwischen den Schallsender-Empfänger-Kombinationen genau genug bestimmen kann und die Laufzeit von Schallsignalen auf der Strecke zwischen diesen Kombinationen genau genug messen kann, dann kann man auch Temperatur- und Strömungsverhältnisse in Innenräumen ausmessen. Mit einem akustischen Messverfahren, das beispielweise auf der beschriebenen Reziprokenmethode beruht, können mit einfachen oder komplexen Anordnungen von Sender/Empfänger(S/E)-Kombinationen Temperatur- und Strömungsverhältnisse in Innenräumen ausgemessen werden. Dabei muss man davon ausgehen, dass man – die Entfernungen zwischen den SE-Kombinationen genau genug bestimmen kann – diese Entfernungen sich während der Messzeit nicht mehr verändern – die Laufzeit von Schallsignalen auf der Strecke zwischen diesen SE-Kombinationen genau genug messen kann. Unter diesen Voraussetzungen sind verschiedene Anwendungen bis hin zur akustischenTomografie denkbar.

4.1 Lufttemperaturschwankungen in einem klimatisierten Raum

Im einfachsten Fall sind Messungen der Raumtemperatur mit zwei SE-Kombinationen möglich (s. Abb. 3.2 a). Für die Kontrolle der Raumlufttemperaturveränderung ist das in manchen Fällen ausreichend.

Die Lufttemperatur in klimatisierten Räumen wird häufig auf einen Wert (z. B. 19 °C, Abb. 4.1) eingestellt. Durch den Betrieb von Technik in Raum entstehen aber von Ort zu Ort erhebliche Temperaturunterschiede. In dem hier gezeigten

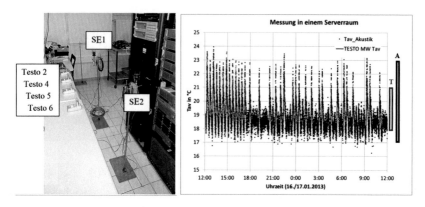

Abb. 4.1 Vergleich einer akustischen Lufttemperaturregistrierung mit vier konventionellen Temperaturmessgeräten (Testostor 171) in einem Serverraum. Die Lufttemperatur schwankt in der Nähe der Server auf der Strecke zwischen dem Messtellen SE1-SE2 bis zu 5 K (A). Die konventionellen Sensoren registrieren träge und zeichnen eine Temperaturamplitude von etwa 3 K auf (T). Die Referenzpunkte befinden sich dabei entsprechend der Norm (DIN EN 15.251) in einer Höhe von 60 cm (**Raabe und Holstein 2020**)

Beispiel ändert sich die aufgezeichnete Lufttemperatur im Rhythmus der Server-Aktivität. Die Änderungen der Raumtemperatur errreicht am Messort bis zu 5 K. Dieses Beispiel zeigt wie unterschiedlich die Raumtemperatur trotz Klimaanlage im Verlauf der Zeit sein kann. Ziel wäre es den Regelbereich so einzustellen, dass er den Betrieb der Technik sicherstellt, aber die Kaltluftzufuhr minimiert, was Energie sparen würde. Das akustische Messverfahren, welches im Vergleich zu herkömmlichen Sensoren (Testostor 171) trägheitslos die Augenblickswerte der Lufttemperatur erfasst, zeichnet eine bis zu 3 K höhere Schwankung der Lufttemperatur im Raum auf. Ein auf akustischen Messungen basierendes Regelsystem würde demnach eine größeren Schwankungsbreite der Lufttemperatur im Raum registrieren und darauf reagieren.

4.2   Raumlufttemperaturmessung mithilfe der Reflexionsmesstechnik

In einem quaderförmigen Raum (Abb. 4.2 a) wird an einem Punkt im Raum eine SE-Kombination betrieben. Damit steht die Entfernung zu den verschiedenen Raumbegrenzungen fest und der Laufweg der Reflexionen zwischen

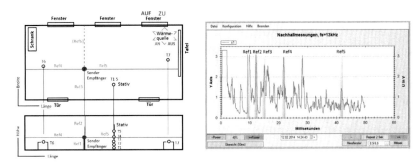

Abb. 4.2 Anwendung eines Reflexionsmessverfahrens von (nahezu) einem Punkt in einem Raum aus (s. Raabe et al. 2014). a) Aufstellung der SE-Kombination im Raum und die Verteilung von 7 konventionellen Temperatursensoren (T1…T7) b) Nachhallstruktur eines 13 kHz Schallimpulses von 1 ms Dauer. In der Aufzeichnung des Raumechos (Reflektogramm) müssen die Reflexionen an den Raumwänden identifiziert werden (Ref1 … Ref5)

SE-Kombination und Wand kann identifiziert werden (vgl. Abb. 3.2 c). Der Lautsprecher sendet einen kurzen Schallimpuls (13 kHz, 1 ms), der an den Raumwänden reflektiert wird. Das Echo (Nachhall) dieses Schallsignals wird aufgezeichnet (Abb. 4.2 b, Reflektogramm). Unter den zahllosen Reflexionen im Nachhall werden die Zeitpositionen der Echos von den Wänden (Ref 1–5) als Nutzschall identifiziert. Aus technischen Gründen war die Aufzeichnung der Ref6 nicht möglich.

Mehrmals pro Minute wird jetzt ein solches Schallsignal ausgesendet und über die Messzeit hinweg aufgezeichnet. Dabei wird jedes Mal die Lage dieser Reflexionen im Nachhall ermittelt. Die Lage und damit die Laufzeit entlang der Laufwege der Reflexionen ändert sich, wenn die Lufttemperaturverteilung im Raum sich ändert. Da bei einer solchen Messmethode der Reflexionsweg nur in einer Richtung durchlaufen wird, ist mit dieser Methode nur die Bestimmung der Temperaturverteilung möglich.

Mit den hier ausgewählten Reflexionen ist es möglich die Veränderung der Lufttemperatur in verschiedene Raumbereichen, u. a. in der Nähe des Fußbodens (Ref1) oder in der Nähe der Raumdecke (Ref2) aufzuzeichnen. In dem Beispiel hier wurden die Temperaturmessungen mit dem akustischen Verfahren unter Verwendung von in unterschiedlichen Positionen bzw. Höhen über dem Fußboden platzierten kommerzieller Temperatursensoren (Testostor 171) überprüft. Beide Methoden liefern vergleichbare Ergebnisse (Abb. 4.3). Das akustische Messverfahren zeigt jedoch eine ausgeprägte Dynamik im Temperaturfeld, die

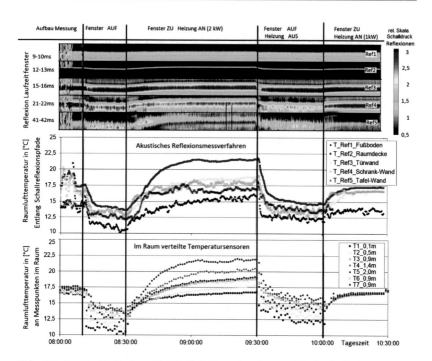

Abb. 4.3 Im Nachhall eines 13 kHz Schallimpulses lassen sich die Reflexionen an den Raumwänden identifizieren (Ref1–5). Die Laufzeit auf den Reflexionswegen verändert sich als Folge der Änderung der Lufttemperatur im Raum. Die Lufttemperatur wird durch Öffnen und Schließen eines Fensters bzw. Zu- und Ausschalten einer Heizung manipuliert. Parallel zur akustischen Messung wurden 7 konventionellen Temperatursensoren (Fa. Testo, Testostor 171) im Raum verteilt. Die Temperatursensoren wurden ab 10:00 Uhr zum Abgleich an einem Ort positioniert, weshalb der Temperaturverlauf zwischen beiden Messmethoden ab dieser Zeit nicht mehr vergleichbar ist (s. Raabe et al. 2014)

mit den kommerziellen Sensoren nicht darstellbar ist. Auch ist für das akustische Verfahren nur eine SE-Kombination im Raum zu platzieren, was den Messaufwand gegenüber der Verteilung mehrerer kommerzieller Sensoren reduziert. Eine Verringerung des Messaufwandes, der sich bei der Überwachung der Temperaturverhältnisse in einem Raum als vorteilhaft erweisen kann.

4.3 Akustische Tomografie – Temperatur und Strömung in einer Fläche

Die Ausdehnung des Messverfahrens auf eine Anordnung von SE-Kombinationen in einer Ebene ermöglicht beispielsweise die Anwendung tomografischer Verfahren zur Darstellung der flächenhaften Verteilung von Temperatur- und Strömungsverhältnissen (s. Abb. 3.2 b).

Exemplarisch wird hier ein Test eines akustischen tomografischen Messsystems in einem größeren Serverraum beschrieben (Abb. 4.4), das im Prinzip dem auf eine große Fläche ausgedehnten unter 3.3 beschriebenen Tomografie-Modell entspricht.

Ziel war es, die Lufttemperatur- und Luftströmungsverteilung in einer Fläche über den Serverschränken aufzuzeichnen. Dies wiederum diente als Informationsquelle für die Steuerung einer möglichst energieeffizienten Innenraumklimatisierung.

Die Verteilung der SE-Kombinationen ist so ausgewählt, dass die Schallsignale möglichst alle Raumbereiche durchlaufen. Die Positionen (Abb. 5.4, SR1 … SR8) werden vermessen und in einem für die tomografische Rekonstruktion verwendetes Gitter eingeordnete. Für Vergleichszwecke waren in diesem Beispiel

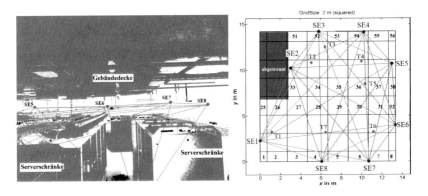

Abb. 4.4 Akustische Messungen in einem Serverraum. Die 8 Schall-Sender-Empfänger-Kombinationen (SE1 … SE8) werden an den Raumwänden angebracht. Die grünen Linien verdeutlichen die Schallausbreitungswege zwischen den Sender-Empfängerkombinationen, die hier in einer Ebene über den Serverschränken angeordnet sind. Die Messfläche wird für ein tomografisches Verfahren in 56 Teilbereiche unterteilt. T1 bis T7 sind Messpositionen von konventionellen Sensoren vom Typ Testostor 171 (Raabe und Holstein 2020)

noch sieben (T1 … T7) konventionelle Temperatursensoren in der Messfläche ver-
teilt. Der Grundriss dieses Raums ist nicht quadratisch (15 m × 15 m), sondern ein
Teil des Raumes (grau) ist abgetrennt und nicht in die Klimatisierung einbezogen
(Abb. 4.4). Das bedeutet in dem Fall, das mehrere Schallstrecken durch die Form
des Raumes blockiert werden (zwischen SE1, SE2, SE3). Mit dieser Streckenre-
duzierung kommt das System zurecht. Das Messsystem misst nun mehrmals in der
Minute die Schallgeschwindigkeiten auf allen Strecken zwischen den Sendern und
Empfängern und berechnet für jede der 56 Zellen des tomografischen Gitters eine
Raumlufttemperatur und eine Strömungsgeschwindigkeit. Teilflächen, die nicht
durch Schallwege berührt werden (z. B. Zelle 8 oder 51) werden plausibel mit
Werten aus benachbarten Zellen belegt. Im Ergebnis hat man eine wesentlich
detailliertere Aussage, die mit den sieben in der Fläche verteilten konventionellen
Temperaturmessgeräten nicht erreichbar ist.

Abb. 4.5 zeigt die in der Messfläche registrierten Unterschiede in der Raumluft
über die Zeit der Messung hinweg. Zu bestimmten Zeiten werden in der Messfläche bis zu 4 K Temperaturunterschied beobachtet. Das akustische Verfahren
liefert in Vergleich zu den konventionellen Sensoren übereinstimmende Werte,
wenn die entsprechende Gitterzelle (Nr. 20) ausgewählt wird in der Testo-Sensor
T7 platziert ist (vgl. auch Abb. 4.4). Parallel zu diesem Zeitverlauf bekommt der

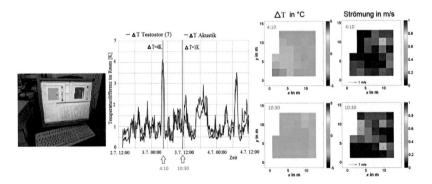

Abb. 4.5 Der Rechner der die Messung steuert analysiert auch die aufgezeichneten akustische Signale und stellt aktuelle Raumtemperatur- und Strömungsverteilungen bezogen auf die
Messfläche dar. Im Verlauf der Messung wird im Bereich der Messfläche zeitweilig ein Temperaturunterschied bis zu 4 K registriert. Auch die beobachtete Strömungsgeschwindigkeit
unterscheidet sich innerhalb der Messfläche von Ort zu Ort. Die Strömungsgeschwindigkeiten
bleiben aber kleiner als 1 m/s (Raabe und Holstein 2020)

Beobachter auf einem Bildschirm die aktuellen Tomogramme für Lufttemperatur und Strömungsgeschwindigkeit präsentiert.

In Abb. 4.5 sind für zwei Zeitpunkte die Tomogramme dargestellt. Man erkennt für den ersten Zeitpunkt (4:10 Uhr), dass die Raumtemperaturverteilung sehr inhomogen ist. Es gibt kältere und wärmere Raumbereich, die später dann (Zeitpunkt 10:30 Uhr) nicht beobachtet werden. Solche inhomogene Temperaturverteilungen können Hinweise für die Regelung der Klimaanlage liefern. In den gezeigten Beispielen überschreitet die Strömungsgeschwindigkeit nicht den Betrag von 1 m/s. Für den Raumkomfort sind jedoch Hinweise auf Strömungsgeschwindigkeit oberhalb eines Wertes von 0,2 m/s von Interesse (Zugluft ISO 7730). Das Messverfahren liefert hier auch entsprechende Informationen. Generell werden durch das Messverfahren Lufttemperaturunterschiede von 0,3 K und Strömungsgeschwindigkeiten > 0,2 m/s nachgewiesen.

4.4   Akustische Tomografie mittels Raumwandreflexionen

Die Einrichtung akustischer tomografischer Messungen erfordert einen erheblichen Installationsaufwand. Das resultiert vor allem aus der notwendigen, genauen Positionierung von möglichst vielen Sender/Empfänger-Kombinationen in der Fläche oder im Raum, sowie deren messtechnischer Verbindung durch Kabel oder ähnlichem mit der zentralen Signalverarbeitung. Die Zahl der für eine Messung notwendigen Sender und Empfängerkombinationen kann jedoch reduziert werden, wenn die Reflexionen der Schallwellen an den Raumwänden für die Messung verwendet werden (vgl. Abb. 3.2 d). Bestenfalls kommt man dann mit nur einer oder zwei Sender-Empfänger-Kombinationen aus und erhält trotzdem z. B. eine Aussage zur Verteilung der Lufttemperatur im Raum.

In der am Empfänger aufgezeichneten Struktur des Echos, dem Nachhall müssen also ‚nur' die nutzbaren Reflexionen identifiziert und über die Messzeit hinweg die Zeitpunkte des Eintreffens der Schallsignale beobachtet werden.

Aus der Geometrie des Raumes und der Positionen der SE-Kombinationen kann man die Länge der Reflexionswege 1. und 2. Ordnung bestimmen und aus dem Eintreffen der Schallsignale im Nachhall die Laufzeit der Schallsignale auf diesen Strecken. Damit hat man die effektive Schallgeschwindigkeit für diese Strecken und kann die Reziprokenmethode anwenden, um Temperatur- und Strömungseinfluss voneinander zu trennen. Günstiger Weise hat man die Positionen der Sender / Empfänger so gewählt, dass die Laufwege der Echos alle

Teile des Raums durchqueren. So kann man dann wieder tomografische Algorithmen anwenden, um für eine bestimmten Messzeitpunkt auf die Temperatur- und Strömungsverteilung im Raum zu schließen.

Das hier vorgestellte Messbeispiel (Abb. 4.6) geht aus von einer bekannten Raumstruktur und von bekannten Positionen eines Senders und eines Empfängers in diesem Raum. Das bedeutet in dem Fall, dass die Schallsignale nur in einer Richtung vom Sender (S) zum Empfänger (E) unterwegs sind. Damit kann zwar die Reziprokenmethode nicht angewendet werden, um die Luftbewegung im Raum von den Temperaturverteilungen zu trennen. Wenn man aber annimmt, dass die Strömung im Raum nur eine untergeordnete Rolle spielt, dann erhält man aus den beobachten Schallgeschwindigkeitsverteilungen die Möglichkeit die Temperaturverteilung im Raum abzuleiten. In dem Beispiel hier können 6 Reflexionen

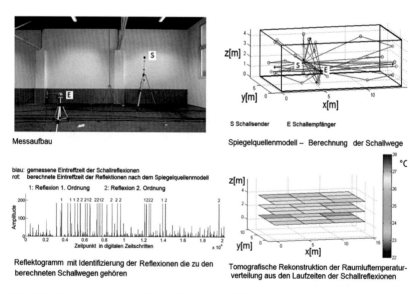

Abb. 4.6 Aufzeichnung eines Raumlufttemperaturfeldes unter Verwendung von Schallreflexionen bis zur 2.Ordnung. Über die Identifizierung der Schallreflexionen im Reflektogramm können die Laufzeiten der Schallsignale auf den zugehörigen Laufwegen ermittelt werden. Auf Basis dieser Information erfolgt die tomografische Rekonstruktion. Der tomografische Algorithmus zerlegt den Raum in $3 \times 3 \times 3 = 27$ Einzelbereiche, für die jeweils eine Raumlufttemperatur ausgewiesen wird (s. Bleisteiner et al. 2016; Reflektogramm, © IOP Publishing. Reproduced with permission. All rights reserved))

erster Ordnung und mehrere Reflexionen 2. Ordnung in dem gemessenen Reflektogramm identifiziert werden. Diese Reflexionen durchlaufen alle Raumbereiche, sodass ein tomografischer Algorithmus (SIRT, Barth und Raabe 2011) in der Lage ist für 27 Teilvolumen des Raumes die Lufttemperatur zu berechnen (Bleisteiner et al. 2016).

Mit nur einem Lautsprecher und einem Mikrofon ist so die Lufttemperaturänderung in 27 Teilbereichen des Raumes beobachtbar und das über die Messzeit hinweg im zeitlichen Abstand von weniger als einer Minute. Der Installationsaufwand ist im Vergleich zu der unter 4.3 beschriebenen Messmethode erheblich reduziert.

4.5 Akustische Tomografie – eine Wertung

Die akustischen Laufzeitverfahren wurden ursprünglich u. a. am Institut für Meteorologie der Universität Leipzig entwickelt, um Wind- und Temperaturfelder über Landschaften von einigen Hektar Ausdehnung zu beobachten (Raabe et al. 2021). Davon ausgehend wurden Messsysteme abgeleitet, die in Windkanälen und in Innenräumen platziert werden konnten, um akustische tomografische Verfahren zur Rekonstruktion von Temperatur- und Strömungsfeldern zu testen. Das eröffnete die Möglichkeit diese Messtechnik auch für Raumklimamessungen zu verwenden. An der Entwicklung dieser Messverfahren waren neben den Mitarbeitern des Instituts für Meteorologie mehrere Partner mit spezifischem Knowhow beteiligt. Stellvertretend seien hier SINUS Messtechnik GmbH Leipzig, RÖWA-PLAN AG, Abtsgmünd, GED Gesellschaft für Elektronik und Design mbH, Ruppichteroth genannt. Derzeit wird an der Bauhaus Universität Weimar (Dokhanchi et al. 2020) daran gearbeitet die akustischen tomografischen Verfahren in Klimakammern zu installieren.

Das Ziel der akustischen Verfahren ist es, zu jedem Zeitpunkt Informationen über die in einem Raum vorgefundenen Temperatur- und Strömungsverhältnisse bereitzustellen. Erkennbar werden dann weniger gut klimatisierte Bereiche, Zugluft oder mögliche Inhomogenitäten des Temperaturfeldes. Diese Informationen können in die Steuerung des Raumklimas einbezogen werden, was u. a. die Möglichkeit bietet, die für die Klimatisierung notwendigen Energieaufwendungen zu optimieren.

Akustische Dichtheitsmessungen

5

5.1 Kurze Einführung

Luftdurchlässige Bereiche wie Öffnungen, Schlitze, Kanäle u. a. sind immer Quellen von Energieverlusten, wenn es Temperaturunterschiede zwischen räumlich getrennten Bereichen gibt. Es ist deshalb von Interesse, solche energetischen Schwachstellen zu finden. Temperaturbedingte Strömungen und damit bedingt energetische Verluste können durch Leckagen hervorgerufen oder beeinflusst sein. Im Folgenden werden technologische Ansätze und Modifikationen akustischer Verfahren vorgestellt, die im Sinne energieoptimierender Maßnahmen zur Verfügung stehen, um solche Leckagen zu finden. Das Prinzip der akustischen Verfahren ist es, davon auszugehen, dass luftdurchlässige Bereiche auch schalldurchlässige Bereiche sind, die man mit geeigneten akustischen Messverfahren lokalisieren kann.

Ein tiefer gehender Vergleich mit anderen bauphysikalischen Verfahren, die sich ebenfalls dieser Problematik widmen, ist im Rahmen dieser kurzen Schrift nicht möglich. Dies betrifft beispielsweise den Einsatz der Thermografie im bauphysikalischen Bereich. Thermografiebilder geben sehr gut Auskunft über die qualitative und geometrische Verteilung der Wärmestrahlung und damit der Wärmeverluste. Für den Einsatz der Methode müssen an Materialoberflächen Temperaturgradienten existieren. Ohne Temperaturunterschiede der abzubildenden Oberflächen gibt es keine Unterschiede in den Thermografiebildern, bei denen verschiedene Farben für verschiedene Oberflächentemperaturen stehen (Abb. 5.1). Es lassen sich jedoch viele Situationen finden, wo kaum energierelevante Temperaturunterschiede vorhanden sind und trotzdem ein Nachweis von Undichtheiten von Interesse ist.

© Der/die Autor(en), exklusiv lizenziert durch Springer Fachmedien Wiesbaden GmbH, ein Teil von Springer Nature 2021
A. Raabe und P. Holstein, *Akustik und Raumklima*, essentials,
https://doi.org/10.1007/978-3-658-33324-9_5

Abb 5.1 Vergleich verschiedener Verfahren: Thermografie, Blower-Door-Test, akustische Dichtheitsprüfung (Thermografieaufnahme des Gewandhauses zu Leipzig, Foto Ingenieur-büro T. Hoffmann)

Ein Verfahren, das keine Temperaturunterschiede zwischen verschiedenen Raumbereichen benötigt und das zur Bewertung der Luftdichtheit dient, ist ein auf Druckdifferenzen beruhendes Messverfahren (Blower-Door-Verfahren, Merkel 2020), welches auf der Messung des Druckabfalls beruht. Im betreffenden Volumen wird mittels Unterdrucks eine Strömung erzeugt, die sich beispielsweise an exponierten Stellen (vermutete Leckagen) mit Strömungsmessern nachweisen lässt. Das Gebäude oder der betreffende Raum muss dabei zumindest an den nicht für die Suche nach Undichtheiten relevanten Stellen (Türen usw..) abgedichtet sein. Der damit verbundene relativ große Aufwand dient dazu etwa 50 Pa Unterdruck zu erzeugen. Einige prinzipielle Nachteile sind mit dem Verfahren verbunden. Bei großen Räumen ist es schwierig, den notwendigen Unterdruck zur Verfügung zu stellen. Es ist offensichtlich, dass nur geschlossene Räume untersucht werden können. Allerdings ist sofort die Gesamtbilanz des „Verlustes" durch die Ausströmung durch die Leckagen verfügbar. Das Verfahren kann jedoch nur eingeschränkt Aussagen zur Lage der Leckagen liefern.

Akustische und Ultraschallverfahren, die zur Dichtheitsprüfung eingesetzt werden, benötigen keine Temperaturgradienten oder künstlich erzeugten Druckunterschiede bzw. abgeschlossene Volumen. Mit einem aktiven Schall-/Ultraschallsender können auch vorgefertigte Elemente wie Türen, Fenster, die in Wandelemente eingebaut sind, geprüft werden.

Trotzdem, die derzeit eingesetzten Methoden können und sollen nicht durch die akustischen Verfahren ersetzt werden. Vieles spricht dafür Thermografie und traditionelle Verfahren wie den Blower-Door-Test oder auch akustische Verfahren sich gegenseitig ergänzend einzusetzen.

Das Beispiel eines Thermografiebildes, das Prinzip des Blower-Door-Test und der akustischen Dichtheitsprüfung weist auf die prinzipiellen Unterschiede und möglicherweise ergänzenden Aussagemöglichkeiten der Methoden hin (Abb. 5.1). Ein Vorteil akustischer Methoden ist ihre in Abschn. 2 erwähnte Skalierbarkeit (s. 2.3). Diese ist ein wichtiger Bestandteil der Verfahrensanwendung und der Anpassung an die jeweiligen Anforderungen. Die Auswahl der Schallwellenlänge erlaubt eine Anpassung der Methode an die Ausdehnung von Objekten, Fehlstellen, Durchbrüchen usw. Transmission, Reflexion, Beugung und Streuung der Schallwellen müssen geeignet in Beziehung gesetzt werden, um das Potenzial der Methoden zu erschließen. Ein großer Teil der Verfahrensanpassung kann bei den akustischen Methoden auch auf der Ebene der Signalverarbeitung und Algorithmen gelöst werden.

Wir konzentrieren uns auf dabei Anwendungen im baulichen Bereich und dabei speziell auf Fallstudien an denkmalsgeschützten Gebäuden (Holstein et al. 2017, Bader et al. 2018, Holstein et al. 2020, Holstein et al. 2021). Solche Bauwerke zeichnen sich meist dadurch aus, dass Fragestellungen und dementsprechend auch die Lösungsmöglichkeiten stark variieren bzw. angepasst werden müssen. Trotzdem ist eine Übertragbarkeit auf physikalisch und baulichkonstruktiv vergleichbare Situationen in vielen Fällen möglich. So können die Methoden ebenso für Untersuchung modifiziert werden, bei denen energetischen Fragestellungen nicht im Vordergrund stehen. Beispiele sind die Dichtheit von Rein(st)räumen, Kabinen von Fahrzeugen, Schiffsluken oder Einhausungen spezieller Produktionsmaschinen u. a. wie dies in den Skizzen zum Anwendungsprinzip angedeutet ist (Abb. 5.2).

Abb. 5.2 Prinzipdarstellung möglicher Anwendungen der Suche nach Leckagen mit Ultraschall. Schallsender und Empfänger befinden sich hinter oder vor der zu untersuchenden Dichtung. (Fotos links und Mitte, N. Bader, SONOTEC, rechts: A. Münch, SONOTEC)

5.2   Akustische Verfahren zur Messung der energetischen Dichtheit

Die beschriebenen akustischen Verfahren sind in besonderem Maße für Anwendungen im baulichen Bereich geeignet und ausgelegt – typischerweise sind das Bewertungen von Bauteilen in der Größe von Fenstern und Türen oder Seitenwände von Räumen oder Hallen. Akustische Verfahren bieten dabei eine Reihe von Anwendungsvorteilen. Mit den akustischen Verfahren lassen sich vor allem die möglichen Quellen von Wärmeverlusten durch undichte Gebäudeteile – dazu zählen Türen und Fenster aber auch ziegelbedeckte Dachbereiche – beschreiben. Es wird nicht die Dichtheit eines geschlossenen Volumens bewertet, sondern die Durchlässigkeit von Schall in Bereichen, wo eine Leckage vermutet werden kann.

Bei der Anwendung thermografischer Messtechnik wird ein Temperaturunterschied benötigt, um eine flächenhafte Verteilung der Wärmeverluste an der Oberfläche eines untersuchten Gegenstands zu dokumentieren.

Bei den akustischen Verfahren muss sich an der Oberfläche des untersuchten Gegenstands eine Schallquelle lokalisieren lassen, um Undichtheiten aufspüren zu können.

Aktive und passive Schallquellen können unterschieden werden:

1. Die austretende Luft erzeugt selbst Schall, der von einem Messgerät gemessen und lokalisiert werden kann
2. Es wird künstlich Schall ausgesendet, der den Gegenstand an undichten Stellen besser durchdringt. Diese Stellen werden mit einem Messgerät aufgespürt.

Ein akustisches Messverfahren (1.), dass ohne künstliche Schallquelle auskommt wird schon länger zur Lecksuche in Druckluftanlagen angewendet. Die energetischen Verluste sind hier erheblich. Einschätzungen zufolge kann dem Drucklufteinsatz ein direkter jährlicher Energieverbrauch von über 120 TWh (mehr als 90 Mio. Tonnen CO_2) in der EU und über 760 TWh (mehr als 570 Mio. Tonnen CO_2) weltweit zugeordnet werden (Radgen und Blaustein 2001). Nach Schätzungen wird ca. 30 % der in Druckluftsystemen genutzten teuren Energieform „Druckluft" aufgrund von Leckagen verschwendet.

Deshalb gibt es für den Nachweis von Leckagen an Druckluftleitungen seit einigen Jahrzehnten entsprechende Prüftechnik. Die an den Lecks austretende Luft erzeugt alle möglichen Geräusche, vor allem auch im Ultraschallbereich. Der Schallquellen- und damit Lecknachweis nutzt dabei verfügbare preiswerte Ultraschallsensoren (in der Regel bei 40 kHz, s. Abb. 2.3). Allerdings spiegelt diese mehr oder weniger zufällige Auswahl nur eines engen Frequenzbandes nicht die vollständigen akustischen Verhältnisse wider. Ein großer Teil der in der Akustik enthaltenen Information wird deshalb nicht genutzt. Eine Bewertung der traditionellen Verfahrensprinzipien kann an dieser Stelle nicht vorgenommen werden (Holstein et al. 2017; Bader et al. 2018). Diese einfachen, robusten und preiswerten Verfahren sind im Rahmen der vor einigen Jahrzehnten verfügbaren technologischen Möglichkeiten entstanden und haben auch heute noch, insbesondere für qualitativ orientierte Untersuchungen, ihre Daseinsberechtigung.

Zwar entsteht auch Schall beim Durchströmen undichter Baustrukturen (man kennt das: der Wind pfeift …), jedoch ist der im bautechnischen Bereich erzeugbare Druckunterschied zu klein (Größenordnungen 50 Pa beim Blower-Door-Verfahren), um Orte von Undichtheiten über dort entstehende akustische Signale nachweisen zu können. Unter Laborbedingungen und mit empfindlichen Mikrofonen wäre dies aber teilweise möglich. Dies ist dann aber eher für andere Anwendungsbereiche mit hohen Dichtheitsanforderungen interessant (z. B. bei der Bewertung Dichtheit von Reinräumen).

Wenn gar kein Druckgradient vorliegt, gibt es natürlich auch keine dadurch erzeugten Strömungsgeräusche. Hier lassen sich allerdings eine Reihe Beispiele nennen, wo das Auffinden undichter Stellen wichtig sein kann. Luken und Deckel im Transportwesen, im militärischen Bereich, Abdichtungen von Reinräumen und oder von Gehäusen im industriellen Bereich (Fahrzeugkabinen, Dichtheitsprüfung von Vakuumanlagen, Frachträumen von Schiffen Getriebegehäuse usw.).

Dabei kommt jetzt das unter (2.) genannte Verfahren einer künstlichen Schallquelle auf der einen Seite und der Aufzeichnung deren Hörbarkeit auf der anderen Seite des zu prüfenden Gegenstandes zum Tragen. Auf diese Weise können Informationen zur Dichtheit gewonnen werden. Neuere Entwicklungen der Gerätetechnik erlauben verbesserte Verfahren unter Nutzung eines größeren Frequenzbereichs und digitaler Datenverarbeitung zum Nachweis der Dichtheit und von energetischen Verlusten (Holstein et al. 2017).

Es werden im Folgenden zwei Varianten (analoges und digitales System) von Sende-Empfangs-Prüftechnik verwendet, die für energetisch orientierte bauphysikalische Fragestellungen ausgelegt sind. Die Verfahren arbeiten weitgehend oberhalb des hörbaren Frequenzbereiches (ca. 10 bis 100 kHz, Abb. 2.3). Das ist für die Akzeptanz der Verfahren bei den Nutzern bedeutsam und entscheidend für die physikalische Auflösung. Denn je höher die Frequenz umso kleiner ist die Wellenlänge und umso besser lässt sich auch der Ort kleiner Leckagen aus Schallmessungen bestimmen. Prinzipiell könnten die Verfahren aber auch „hörbare" Frequenzen verwenden. Damit wären aber nur relative große Leckagen nachweisbar.

Hörbarer Schall kann Wände großflächig durchdringen. Das sogenannte Schalldämmmaß ist ein akustischer Materialkennwert, der dieses Verhalten beschreibt (s. Pkt. 2.3). Die Fähigkeit der Schallwellen Wände zu durchdringen ist dabei stark frequenzabhängig. Tiefe Frequenzen (große Wellenlängen) – aus der Alltagserfahrung bekannt – durchdringen Wände und Türen sehr gut, man kann aber hinter der Wand kaum lokale Schallquellen identifizieren. Tiefe Frequenzen sind deshalb für Untersuchung von lokalen Undichtheiten nicht gut geeignet, da sich der Leckage bedingte Schalldurchgang schlecht vom „normalen" Transmissionsschall unterscheiden lässt. Hohe Frequenzen, Ultraschall mit kurzer Wellenlänge hingegen werden durch die Baumaterialien stark gedämpft, ‚zwängen' sich aber durch Undichtheiten und können auf der anderen Seite der Wand lokalisiert werden (schematisch Abb. 5.3).

Wir zeigen hier Beispiele zum akustischen Nachweis von Undichtheiten die mit einem einfachen Sender und einem einzelnen Ultraschallmikrofon arbeiten und auch solche die eine leistungsfähige Schallquelle und über hundert Mikrofone im Array einsetzen (Holstein et al. 2020). Erwartungsgemäß steigt mit wachsendem mess- und datentechnischem Aufwand der Aussagewert der Methoden.

5.3   Methodische Grundlagen

Die Suche nach undichten Stellen mit akustischen Verfahren verlangt geeignete Schallquellen. Es werden dabei sowohl elektroakustische Sender (Lautsprecher, Ultraschallsender) als auch physikalische Schallquellen (Strömungsrauschen) eingesetzt.

In der Praxis herkömmlicher akustischer Dichtheitsmessungen wird oft eine Ultraschallquelle mit ausreichender Leistung und einer Sendefrequenz (traditionell meist um die 40 kHz) verwendet. Damit befindet man sich weitgehend in einem Bereich außerhalb der Betriebsgeräusche. Die Methode ist aber nur scheinbar einfach. Dies ist insbesondere dann zu berücksichtigen, wenn bewertende Aussagen gemacht werden sollen. Wichtige Voraussetzungen für quantifizierbare Aussagen sind eine hinreichende Qualität und Leistung der Schallfelder sowie das Verständnis der physikalischen Phänomene (Holstein et al. 2016) Schall tritt an Leckagen nach außen und wird dabei durch unterschiedliche physikalische Prozesse beeinflusst (Abb. 5.3).

Die **Transmission** erfolgt dabei direkt durch kleine Öffnungen in der Wand aber auch als Flankenübertragung (Weiterleitung über Körperschallbrücken und schließende Abstrahlung als Sekundärschall).

Die **Beugung** bewirkt eine Änderung der Ausbreitungsrichtung einer Schallwelle beim Durchgang durch ein Hindernis (Loch, Spalt). Die Beugung ist umso größer, je kleiner die Öffnung im Verhältnis zur Wellenlänge des Schalls ist (ungerichtete Abstrahlung). Wird die Öffnung (unter Beibehaltung der Wellenlänge bzw. Frequenz) größer, wird der Beugungseffekt geringer und die Abstrahlung erfolgt gerichteter. Die Richtwirkung ist eine wichtige Eigenschaft des Schalls bei hohen Frequenzen. Ist die Öffnung deutlich kleiner als die Wellenlänge, entstehen dahinter Kugelwellen (kreisförmige Öffnung) bzw. Zylinderwellen (schlitzförmige Öffnung).

Eine Überlagerung der hinter der Öffnung austretenden Schallwellen kann zu gegenseitiger Verstärkung (konstruktive **Interferenz**) oder gegenseitiger Abschwächung (destruktive **Interferenz**) oder sogar zur Auslöschung führen.

Die folgenden Abbildungen verdeutlichen die prinziellen Zusammenhänge zwischen Wellenlänge, Spaltgeometrie und Positionierung der Messgeräte. Daten aus den Modellierungen zeigen, dass diese Wechselwirkungen berücksichtigt werden müssen, um die Methode optimal anwenden zu können (Abb. 5.3).

Kompliziert wird die Transmission auch durch die Struktur der undichten Stellen, die von den Schallwellen durchdrungen werden (Abb. 5.4). In Abhängigkeit von deren Form (vor allem deren Spaltgröße im Verhältnis zur Wellenlänge des Schalls) durchdringen verschiedene Frequenzen die Spalten unterschiedlich

Abb. 5.3 Wirkung der Wellenlänge auf den Durchgang durch Materialien und Öffnungen (vereinfachte Darstellung). Die Effektivität des Durchgangs ist durch Transmission, Absorption, Beugung und Interferenzen des Schalls beeinflusst

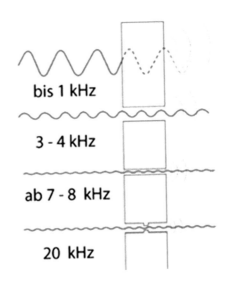

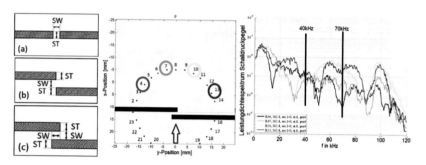

Abb. 5.4 Simulation verschiedener Spalt- oder Lecksituationen (Holstein et al. 2016) Links: Verschiedene simulierte Spaltgeometrien: (a) einfacher Spalt, (b) versetzter Spalt, (c) überlappend versetzter Spalt und entsprechenden Größenzuordnungen von Spaltweite (SW) und Spaltdicke (ST). Mitte: Farblich markierte Positionen der Mikrofone bei senkrechtem Schalleinfall (roter Pfeil), Rechts: Leistungsdichtespektrum des Schalldruckpegels. Dies steht für ein frequenzabhängiges Schalldämmmaß, gemessen an den Mikrofonpositionen

gut. Das in der Bauakustik eingeführte Schalldämmmaß R (Gl. 2.5) ändert sich deshalb für verschiedene Frequenzen und unterschiedliche Positionen des Schallempfängers bezüglich der Spaltstruktur (Abb. 5.4).

Typisch für Türen und Fenster ist dabei der simulierte Fall c) in Abb. 5.4. Je kleiner das Leck bzw. das Verhältnis der Ausdehnung der Leckagen zur Wellenlänge desto mehr machen sich die Einflüsse der Beugung und Interferenz bemerkbar. Ist die Wellenlänge viel größer als die Leckageausdehnung, dann hat die Schallleitung durch die Wand eher nichts mehr mit diesem Leck zu tun. Die Wellenlänge des Schalls beträgt bei einer Frequenz von 40 kHz 8,5 mm. Es ist offensichtlich, dass Messungen, die nur einen schmalen Frequenzbereich verwenden, zufällig in einem „ungünstigen" Frequenzbereich liegen können, wo die Signalintensität ausgeprägt gedämpft ist (also keine Leckage gefunden werden kann) oder sogar verstärkt werden kann, was bedeutet, dass die Leckage als „zu groß" interpretiert wird. Auch die Messposition in der Nähe des Lecks spielt dabei eine Rolle. Für die beispielhaft gewählte Spaltstruktur C (Spaltdicke von 1,85 mm, Spaltweite von 1,85 mm, Abb. 5.4c) würde eine Schalldämmmaßmessung mit einem Schallsignal 40 kHz zufällig keine größeren Unterschiede zwischen den Messpositionen ergeben, bei einer Messfrequenz von 70 kHz dann jedoch schon. Hier dargestellt sind die Leistungsspektren die für ein frequenzabhängiges Schalldämmmaß stehen (Holstein et al. 2016) hinter der Spaltstruktur C an den in der Mitte der Abb. 5.4 hervorgehobenen Empfängerpositionen. Die Simulationen zeigen die Sensitivität bezüglich des Verhältnisses von Wellenlänge und der Größe des Spalts. Als akustisches Signal dient weißes Rauschen, das als ebene Welle aus der mit einem roten Pfeil gekennzeichneten Richtung auf den Spalt trifft. Die Simulationen basieren auf der Anwendung der MATLAB-Toolbox- k-Wave (Treeby und Cox 2010). In den Experimenten wurden sowohl ein Sender mit fester Arbeitsfrequenz (40 kHz) als auch eine Rauschquelle verwendet.

Diese Erkenntnisse haben Auswirkung auf die Anwendung und Weiterentwicklung der Methode. Mehrere praktische Schlussfolgerungen lassen sich ziehen:

- Die akustische Suche nach Undichtheiten sollte mit mehreren Frequenzen durchgeführt werden.
- Die Richtungsabhängigkeit der Schallausbreitung sollte weitgehend unterdrückt werden. Dies kann durch die Beschallung mit einer geeigneten Quelle gewährleistet werden, die Schallwellen gerichtet abgibt.
- Bei der Messung sollte die Anisotropie des Schallfeldes hinter dem Leck berücksichtigt werden. Sinnvoll ist es die Schallmessungen in mehreren ‚Blickrichtungen' durchzuführen, um physikalisch bedingten Variationen im Schallfeld für die Bewertung des Durchgangsschalls auszugleichen.

Es wird ein Schalldämmmaß angegeben, wie es ähnlich auch im hörbaren Bereich für die Bauakustik verwendet wird. Es zeigt sich, dass ähnlich wie bei der Angabe des Schalldämmmaßes im hörbaren Frequenzbereich verlässlichere Aussagen zur Dichtheit möglich werden, wenn der gesamte Frequenzbereich von ca. 20 bis 100 kHz in die Messung und Interpretation einbezogen wird und nicht nur der Schalldruckpegel in einem mehr oder weniger willkürlich ausgewählten Frequenzband (40 kHz).

5.4 Prüftechnik ein Sender – ein Empfänger

Traditionelle Verfahren verwenden nur einen engen Frequenzbereich (z. B. SONOTIGHT von SONOTEC und Leakworx). Die Sende- und Empfangselektronik stellt Frequenzen von ca. 40 kHz (Empfangsband ± 2 kHz) zur Verfügung. Als Schallquelle dient ein geeigneter Ultraschallsender. Für „normale" bauliche Verhältnisse ist bei dieser Frequenz eine ausreichende Reichweite gegeben. Der Empfänger dieses System arbeitet nach dem Heterodyn-Prinzip. Die für das menschliche Ohr nicht hörbare Ultraschallfrequenz von 40 kHz wird dabei auf einen niedrigeren Frequenzbereich heruntertransformiert. Das dabei entstehende Signal liegt dann im hörbaren Bereich und wird sowohl für die weiteren

Abb. 5.5 Links: Heterodyn-System (SONOTIGHT) Mitte: Verfahrensprinzip, Rechts. Komponenten eines digitalen Ultraschallprüfsystems (SONAPHONE III) (Abb. N. Bader, SONOTEC)

Berechnungen verwendet als auch direkt auf einen Kopfhörer übertragen. Für das Mapping des Messpunktes wird eine Kamera verwendet. Die akustischen Daten und die Koordinaten haben die gleiche Zeitmarkierung. Nach dem Berechnen der Koordinaten des Ultraschallempfängers werden dann die akustischen Intensitätswerte dem Kamerabild überlagert und an den entsprechenden Positionen im Bild dargestellt (Bader et al. 2018) (Abb. 5.5).

Der praktische Handlungskomfort ist entscheidend für die Akzeptanz des Verfahrens. Bei den Prüfungen wird die Prüftechnik mit der Hand geführt. Bei ungünstigen Erreichbarkeiten stehen ein Stangensystem und der Hohlspiegel zur Verfügung. Die Messungen können von außen und innen durchgeführt (Reziprozität des Verfahrens). Dazu ist nur die Position des Senders und des Empfängers zu vertauschen. Die Ergebnisse sind im Rahmen der experimentellen Genauigkeit identisch.

Einen entscheidenden Fortschritt hat die Methode durch die Erweiterung der akustischen Bandbreite und die Übertragung der Prüfmethodik auf digitale mobile Geräte erfahren.

Der Darstellung in der Abb. 5.6 ist zu entnehmen, dass das Mapping am Prüfobjekt (für qualitative Bewertungen) relativ freizügig erfolgen kann. Einzige Bedingung ist, dass die Prüffläche geeignet überstrichen wird. Das Bewegungsraster wird entsprechend der Erfassungsbreite des Ultraschallsensors gewählt. Das Ergebnis entsteht bereits während der Prüfung, sodass der Nutzer die Überdeckungsdichte sofort bewerten kann. Der Schallaustritt wird in der Kartierung farblich bezüglich der Intensität markiert. Die Farbintensität bezieht sich dabei auf das von Empfängermodul erzeugte Heterodynsignal. Die Signalintensität entspricht dabei auch der Lautstärke des Kopfhörersignals, mit dem die Dichtheitsprüfung ebenfalls bewertet werden kann. Dadurch kann sich der Prüfer

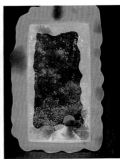

Abb. 5.6 Ablauf und Prüfergebnisse einer Dichtheitsuntersuchung (mit dem Prüfsystem SONOTIGHT (SONOTEC) und der Software Ultragraphyx (Leakworx) im Alten Herrenhaus des Ritterguts-Schlosses Taucha (Sa.)

komplett auf das korrekte Abscannen und die genauere Beobachtung gefundener Schwachstellen konzentrieren.

Am Beispiel der Dichtheit von Fenstern und Türen der denkmalgeschützten Gebäude des Rittergutsschlosses Taucha (Sachsen) und der ehemaligen Sternwarte der Universität Leipzig wird die Anwendung des Verfahrens demonstriert (Abb. 5.6 und 5.7). Sender und Empfänger (vertauschbar) sind jeweils geeignet vor und hinter dem Untersuchungsobjekt platziert. Verwendet wurde eine schmalbandiger Sender mit 40 kHz. Die Arbeitsfrequenz kann jedoch den Erfordernissen angepasst werden. Die Zeit-Frequenz-Darstellungen (Spektrogramme) in Abb. 5.7 enthalten auch die Rohdatenaufnahme. Die Leistungsfähigkeit des Verfahrens zeigt sich auch darin, dass akustische Störungen gegenüber dem Nutzschallsignal erkannt werden können.

Die Verwendung digitaler Prüfsysteme erweitert die methodischen Möglichkeiten erheblich. Das betrifft nicht nur die Auswerte- und Visualisierungsmöglichkeiten, sondern auch die flexible Anregung und damit die effektive Nutzung eines größeren Frequenzbereichs (vgl. 5.3).

Wiebeschrieben, können Effekte wie Interferenz und Beugung die Interpretation erschweren. In der Beherrschung dieser Schwierigkeiten liegt aber auch der Schlüssel zur methodischen Verbesserung. Die Variation der Frequenzen bzw. Wellenlängen ermöglicht es, die Geometrie der Schwachstellen abzutasten. Die methodischen Verbesserungen am Ultraschallmesssystem betreffen vor allem die Digitalseite der Prüfgeräte und die Auswertesoftware. In der Grundausstattung können Frequenzen von ca. 20 bis 100 kHz zur Prüfung verwendet werden. Die Prüfung könnte auch im oberen Bereich noch hörbarer Frequenzen erfolgen. Der

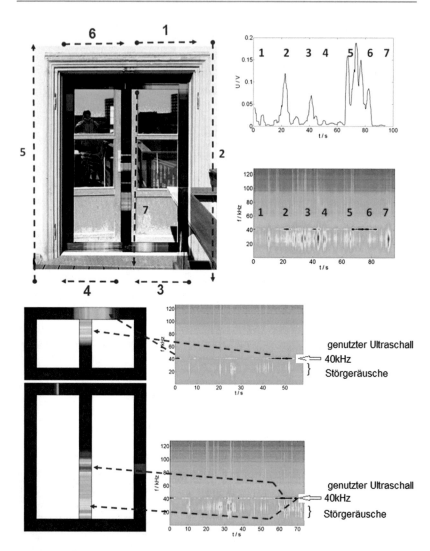

Abb. 5.7 Dichtheitsprüfung einer Tür und eines Fensters im Turm der alten Sternwarte der Universität Leipzig (siehe auch Abb. 1.1). Die Prüfreihenfolge ist mit den Zahlen angedeutet. Die akustischen Daten zeigen den Pegelverlauf des Messablaufs und die dazugehörigen Spektrogramme. Im Frequenzbereich um 40 kHz zeigt sich zu bestimmten Messzeiten (was einem Messort entspricht) ein höherer Schalldruckpegel, was einem besseren Signaldurchgang (gleichzusetzen mit einer akustischen Undichtheit) entspricht. Andere sich im Spektrum abbildende Signale sind Störgeräusche, die beim Prüfen auftreten können, sind aber vom Nutzschallsignal gut zu trennen. Verwendet wurde ein digitales Prüfsystem auf der Basis des SONAPHONE III von SONOTEC

Vorteil wäre, dass größerer Lautstärken und Reichweiten erreichbar sind. Ausführ-
lichere Beschreibungen der Fallstudien finden sich in verschiedenen Publikationen
(Holstein et al. 2017; Bader et al. 2018; Holstein et al. 2020).

5.5   Die Akustische Kamera

Im Folgenden wird gezeigt, dass akustische Arraytechnik neben den volumen-
bezogenen Anwendungen auch für flächenbezogene Aussagen zur Dichtheit
geeignet ist. Die sogenannten akustischen Kameras werden im industriellen
Bereich bereits seit längerer Zeit – vor allem im Bereich der Fahrzeugentwicklung
– eingesetzt. Es gibt verschiedenste Ausführungen, Leistungsklassen und Algorithmen, die für die jeweiligen Anwendungen optimiert sind. An dieser Stelle kann
nur auf die grundlegenden Funktionen im Zusammenhang mit der vorgestellten
Anwendung eingegangen werden.

Die *Akustische Kamera* beruht auf einem Array von Mikrofonen. Ziel ist
dabei, Schallquellen bezüglich ihres Entstehungsortes darstellen zu können. In der
Regel wird dabei ein flächenbezogenes Bild der Schalldruckverteilung erzeugt,
das einem optischen Bild überlagert wird. Die akustischen Daten werden dabei in
eine Darstellungsform gebracht, die Nutzer aus der Bildverarbeitung kennen und
auch ohne spezielle akustische Kenntnisse oftmals leicht interpretieren können.

Es gibt inzwischen eine Reihe von Anbietern Akustischer Kameras. Es wird
erwartet, dass die Kamerasysteme in den nächsten Jahren preiswerter sein werden
und damit einem größeren Nutzerkreis zugänglich gemacht werden können.

Das Funktionsprinzip, das den sogenannten „Akustischen Kameras" zugrunde
liegt, wurde u. a. durch Heinz (2005) beschrieben. Es beruht auf einer größeren
Anzahl von Mikrofonen (Abb. 5.8), die in einem Array starr miteinander verbunden sind. Damit können Schallquellen geortet werden, weil jedes der Mikrofone
an seinem Ort die Schallsignale einer Quelle zu einer anderen Zeit empfängt.
Dieser geringe Laufzeitunterschied liefert die eigentliche Information, um die
Entstehungsorte unterschiedlicher Schallquellen zu identifizieren. Aus der Viel-
zahl von gegenseitigen (geringen) Laufzeitdifferenzen wird mithilfe geeigneter
Rekonstruktionsalgorithmen eine bildliche Darstellung der Schallquellenvertei-
lung berechnet (Abb. 5.8). Diese Berechnung kann frequenzselektiv (mithilfe
geeigneter digitaler Frequenzfilter) vorgenommen werden. Die flächenhafte Darstellung der Schallpegel kann dann für die verschiedene Frequenzbänder erfolgen.
Dies ist von Bedeutung, da der Durchgang von Schall durch Schlitze und Löcher
vom Verhältnis der Wellenlänge zur Öffnung abhängt. In Holstein et al. 2020

wurde die hier verwendete Arbeitsweise skizziert (Abb. 5.8). Für die Untersuchungen wurden zwei Kameraarrays der Gesellschaft zur Förderung angewandter Informatik (GFaI 2020) eingesetzt, die zu den Pionieren der Entwicklung und Applikation dieser Technologie zählt. Ein großes Array verfügt über 120 Mikrofone (FIBO 2019) und kann mit einer maximalen Abtastrate von bis zu 192 kHz Daten aufzeichnen. Ein kleineres Array (Mikado 2020) wurde für die mobile Lecksuche eingesetzt.

Hilfreich in der Praxis ist, dass dem akustischen Bild auch ein Foto überlagert wird, was die Zuordnung der akustischen Intensitäten zur möglichen Quelle erleichtert. Damit ist die Bewertung der akustischen Bilder auch für Nichtexperten leichter möglich. Die eingesetzte Technik erlaubt Quellensuche bis etwa 20 kHz. Höhere Frequenzen sind denkbar. Damit sind die akustisch wirksamen Leckagen sicher von der Schalltransmission durch Wände, Glasfenster, Türen u. ä. zu unterscheiden, die bei niedrigeren Frequenzen wirksam wären. Obwohl bau- und raumakustische Messungen nicht Ziel der im folgenden beschriebenen Untersuchungen waren, sei darauf hingewiesen, dass solche Messungen mit der eingesetzten Technologie möglich und begleitend sicher auch sinnvoll wären.

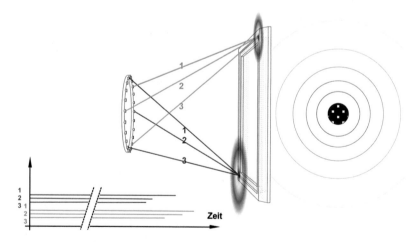

Abb. 5.8 Prinzip der Lecksuche mit der Akustischen Kamera. Das Mikrofonarray steht in einiger Entfernung vom auf Dichtheit zu prüfenden Gegenstand (Fenster). Dahinter befindet sich die Schallquelle. Die von der Quelle ausgehenden Schallsignale durchdringen das Prüfobjekt an verschiedenen Stellen unterschiedlich gut. Die akustische Kamera kann diese Orte aufgrund der zeitlichen Verzögerungen des an den verschiedenen Mikrofonpositionen ankommenden Schallsignals ermitteln. Für drei Mikrofonpositionen ist das angedeutet

Die oben erwähnten zwei Typen der Akustischen Kamera wurden eingesetzt, um akustische Undichtheiten und damit energetische Verlustbereiche an denkmalsgeschützten Gebäuden aufzuzeigen. Das stationäre System wäre zusammen mit einer leistungsstarken Schallquelle in der Lage größere Flächen an Gebäudefassaden in den ‚akustischen Blick' zu nehmen. Mit einer kleineren mobilen Kamera sind schnell lokal akustische Bilder aufzunehmen. Da Sender und Empfänger in einem weiten Frequenzbereich arbeiten, kann eine bildliche Darstellung der akustischen Dichtheit für verschiedene Frequenzbereiche erfolgen. Je höher die Frequenz, desto kürzer ist auch die Wellenlänge des Schalls der die Gebäudewand durchdringt. Das eröffnet die Möglichkeit die Orte auch von sehr kleinen akustischen Undichtheiten aufzuspüren (vgl. 5.3). Der für diese Messungen notwendige Schallsender befindet sich jeweils hinter der Wand, die untersucht wird.

Das folgende Beispiel zeigt Messungen an Kirchenfenstern. Die Akustische Kamera findet zwei sehr genau lokalisierbare Leckagen im unteren Eckbereich der Falze der großen Spitzbogenfenster (Abb. 5.9 links), die gut im 20 kHz

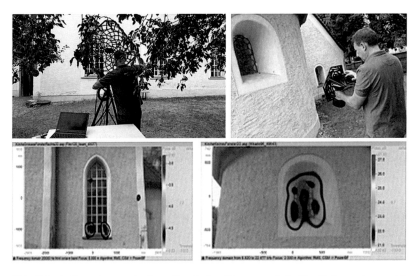

Abb. 5.9 Aufbau eines stationären Akustischen Kamera und die Handhabung einer mobilen Variante (Kirche Dewitz, Holstein et al. 2021). Das stationäre System (links) hat eine großen Fassadenbereich akustisch beobachtet und verschiedene Undichtheite im Fenster ausgespürt. Die Handkamera (rechts) kann einfach auch an schwerer zugänglichen Gebäudeteilen Messungen durchführen. Die Schallquelle befindet sich in der Kirche.

Frequenzband abgebildet werden. Die handgeführte Kamera eignet sich sehr gut bei der Suche nach Undichtheiten an kleineren Flächen (5.9 rechts). Hier wurden verschieden Lecks im Randbereich des bleiverglasten Bogenfensters identifiziert. Dabei bildet der äußere Einfassungsbereich (nicht die individuellen Bleiverglasungen) eine Leckage, die der Bogenform des Fensters entspricht (rechts).

Ein wichtiger Vorteil der Akustik besteht darin, dass Sender und Empfänger vertauscht werden können (Abb. 5.10). Der Schallübertragungsweg ist derselbe (Reziprozität des Messverfahrens). Ist die Zugänglichkeit gegeben, dann kann man die akustische Dichtheit der gleichen Flächen einmal von innen (Sender außen, akustische Kamera innen) und zu anderen Mal von außen (Sender innen, akustische Kamera außen) messen.

Für jeweils zwei Frequenzbereiche wird diese Reziprozität des Messverfahrens in Abb. 5.10 gezeigt. Es werden dieselben Stellen akustischer Undichtheiten gefunden (roten Markierungen). Auf diese Weise wäre auch eine Synthese von Fehlerbildern bei schwierigen Zugangsbedingungen möglich. Durch die Analyse

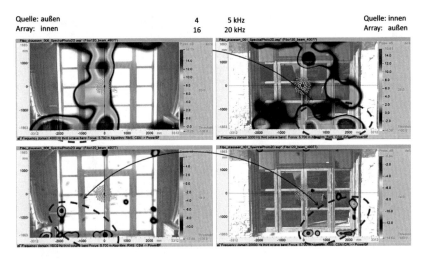

Abb. 5.10 Messungen im Türbereich der Kulturscheune des Rittergutschlosses Taucha (Sachsen) mit einer Akustischen Kamera (Stationäres System Abb. 5.9). Links: Die Schallquelle steht außen, das Messsystem innen, die Akustische Kamera bildet hier lokale Schallquellen in einem Frequenzbereich von 4 kHz (oben) und 16 kHz (unten) ab. Rechts: Die Schallquelle steht innen, das Messsystem außen, die Akustische Kamera beobachtet lokale Schallquellen auf einem Frequenzbereich von 5 kHz (oben) und 20 kHz (unten)

der höheren Frequenzen (16 kHz bzw. 20 kHz) bildet das Schallsignal aufgrund der dann kürzeren Wellenlänge (etwa 2 cm) die undichten Bereiche besser ab. Erkennbar bleibt die Undichtheit jedoch auch bei der Analyse des tieferen Frequenzbandes (4 kHz bzw. 5 kHz) obwohl die Wellenlänge des Schalls dann größer ist (etwa 8 cm).

Interessant ist sicher auch die Bewertung des Aufwandes. Die akustischen Messungen selbst fallen nicht ins Gewicht. Wie bei jeder akustischen Aufzeichnung hängt die Aufnahmezeit im Wesentlichen nur von der Signaldauer ab. Da es sich bei den Messungen um unveränderliche Signale handelt, reichen wenige Sekunden Messdauer aus. Beim kleineren Array können die akustischen Bilder auch in einem Echtzeitmodus betrachtet werden.

5.6 Akustische Dichtheitsmessungen – eine Wertung

Die Anwendung akustischer Verfahren zur Dichtheitsbewertung sollte im Kontext existierender Möglichkeiten gesehen werden, um die spezifischen Stärken der Methoden einbringen zu können. Wesentliche Vorteile können daraus abgeleitet werden, dass weder ein Druckgradient noch eine Temperaturdifferenz benötigt werden oder erzeugt werden müssen um die Verfahren anwenden zu können. Es sind keine Abdichtungen nötig. Es ist nicht einmal zwingend geschlossene Räume erforderlich. Damit sind die Methoden auch in frühen Bau-oder Restaurierungsphasen anwendbar.

Die Verwendung von Frequenzen im Ultraschallbereich erlaubt die Abtastung von Leckagen in baurelevanten Dimensionen. Anpassungen sind über die Variation von Wellenlängen möglich. Die Methode hat auch (noch) Nachteile. Da aktive Schallquellen benötigt werden, muss die experimentelle Zugänglichkeit von beiden Seiten der zu untersuchenden Struktur gegeben sein. Die Quantifizierung von Spaltmaßen und Leckagegrößen ist schwierig. Hier werden weiterführende Modellierungen gebraucht. Dies ist auch für die Erarbeitung geeigneter Normen unumgänglich.

In der komplementären Anwendung von bauphysikalischen Methoden beispielsweise in der Kombination mit dem Blower-Door-Test wird allerdings ein großes Potenzial gesehen.

Zusammenfassung und Ausblick

Vorgestellt wurden akustische Verfahren und die zugehörige Gerätetechnik, um Fragestellungen zu raumklimatologischen und energetischen Problemen untersuchen zu können. Aus der Messung verschiedener physikalischer Parameter wie Schallgeschwindigkeit oder Schalldruck können Aussagen zu Verteilungen von Raumtemperatur und Raumluftströmung oder zu flächenhaften Darstellungen akustischer Undichtheiten, hier gleichgesetzt mit potenziellen energetischer Verluststellen, abgeleitet werden.

Die in den Räumen einzusetzende Messtechnik wird betrieben, ohne dass Eingriffe in die Struktur der Räume notwendig sind. Die Raumklimaverhältnisse selbst werden durch die akustischen Verfahren nur minimal bzw. überhaupt nicht beeinflusst. Das ermöglicht eine nachträgliche Installation oder einen Einsatz beispielsweise in denkmalgeschützten Bauten, wo räumliche Veränderungen nicht gern gesehen sind.

Die vorgestellten Methoden nutzen aktive Schallquellen, um Aussagen zum Raumklima oder zur energetischen Dichtheit von Fenstern, Türen, von Lüftungsschächten und Kabeldurchführungen zu erhalten. Die Größe der erfassbaren Prüfobjekte hängt dabei von Parametern wie Anregungsfrequenz und Leistung dieser Schallquellen ab.

Die vorgestellten Methoden nutzen einen großen Frequenzbereich – von hörbaren bis zu Ultraschallfrequenzen. Vorteilhaft dabei: es ist möglich aus dem Hörschallbereich in den unhörbaren Ultraschallbereich auszuweichen ohne dass sich die Physik und die darauf aufsetzenden Schallanalyseverfahren grundsätzlich ändern. Es ist nur sicherzustellen, dass der Empfänger die ‚Musik' des Senders hören und verstehen kann. Die Personen in der Nähe der Messtechnik nehmen dann diesen Schall nicht mehr wahr und man umgeht das Problem der Akustiker das schon Wilhelm Busch 1872 so prägnant auf den Punkt brachte „Musik wird oft nicht schön gefunden, weil stets mit Geräusch verbunden".

© Der/die Autor(en), exklusiv lizenziert durch Springer Fachmedien
Wiesbaden GmbH, ein Teil von Springer Nature 2021
A. Raabe und P. Holstein, *Akustik und Raumklima,* essentials,
https://doi.org/10.1007/978-3-658-33324-9_6

Was Sie aus diesem *essential* mitnehmen können?

- Mit Schallgeschwindigkeitsmessungen können Temperatur- und Strömungsverteilungen in Räumen erfasst werden, ohne dort Technik zu installieren, welche die Raumklimaverhältnisse selbst beeinflusst.
- Mit Schallpegelmessungen können Undichtheiten gefunden werden, die verantwortlich für energetische Verluststellen sein können.
- Akustischen Verfahren sind für die Raumklimaausgestaltung und die Bewertung der Energieeffizienz von Gebäuden anwendbar.

© Der/die Herausgeber bzw. der/die Autor(en), exklusiv lizenziert durch Springer Fachmedien Wiesbaden GmbH, ein Teil von Springer Nature 2021
A. Raabe und P. Holstein, *Akustik und Raumklima*, essentials,
https://doi.org/10.1007/978-3-658-33324-9

Literatur

Alsaad, H.; Voelker, C. (2018). Performance assessment of a ductless personalized ventilation system using a validated CFD model. Journal of Building Performance Simulation 11, no. 6 (2018): pp. 1–16. DOI:https://doi.org/10.1080/19401493.2018.1431806.

Bader, N., Holstein, P., Eckert, K., Münch, H.-J., Holtkamp, L., d'Achrd van Eschut, T. (2018). Akustisches Verfahren zur Dichtheitsprüfung, in: Weller, B., Horn, S. (Hrsg.). Denkmal und Energie 2018, Springer Vieweg, Wiesbaden, ISBN 978-3-658-19671-4, DOI https://doi.org/10.1007/978-3-658-19672-1

Barth, M., Fischer, G., Raabe, A. (2011). Acoustic measurements in air - A model apparatus for education and testing. Wiss. Mitt. Inst. für Meteorol. Univ. Leipzig, 48,1–12 https://nbn-resolving.de/urn:nbn:de:bsz:15-qucosa2-163821

Barth, M., A Raabe, A. (2011). Acoustic tomographic imaging of temperature and flow fields in air Meas. Sci. Technol. 22 1 13 https://doi.org/10.1088/0957-0233/22/3/035102

Bleisteiner, M., Barth, M., Raabe, A. (2016). Tomographic reconstruction of indoor spatial temperature distributions using room impulse responses, Meas. Sci. Technol. 27 (2016), doi:https://doi.org/10.1088/0957-0233/27/3/035306

Dokhanchi, N.S., Arnold, J., Vogel, A., Voelker, C. (2020). Measurement of indoor air temperature distribution using acoustic travel-time tomography: Optimization of transducers location and sound-ray coverage of the room Measurement 164 107934 https://doi.org/10.1016/j.measurement.2020.107934

Fanger, P. O. (2000). Indoor air quality in the 21st century: search for excellence, Indoor Air. 2000 Jun;10(2):68–73. doi: https://doi.org/10.1034/j.1600-0668.2000.010002068.x.

Holstein, P., Raabe, A., Müller, R., Barth, M., Mackenzie, D., Starke, E. (2004). Acoustic tomography on the basis of travel-time measurement Meas. Sci. Technol. 15 1420 1428. https://doi.org/10.1088/0957-0233/15/7/026.

Holstein, P., Barth, M. Probst, C. (2016). Acoustic methods for leak detection and tightness testing, Proceedings 19. World Conference of Nondestructive Testing, 13.17.06.2016, München

Holstein, P., Raabe, A., Bader, N., Tharandt, A., Barth, M., Münch, H.-J. (2017). Energetische Probleme und akustische Verfahren, in Weller, B., Horn, S. (Hrsg.): Denkmal und Energie 2017, Wiesbaden, Springer Vieweg, ISBN 978-3-658-16454-6, https://doi.org/10.1007/978-3-658-16454-6

Heinz, G., K. (2005). Eine Einführung in die akustische Photo- und Kinematographie. https://www.acoustic-camera.com/fileadmin/acoustic-camera/press_old/english/ Eine_Einfuehrung_in_die_akustische_Photo_und_Kinematographie.pdf, abgerufen am 17.09.2019.

Holstein, P., Bader, N., Moeck, S., Münch, H.-J., Döbler, D., Jahnke, A. (2020). Akustische Verfahren zur Ermittlung der Luftdichtheit von Bestandsgebäuden. In: Weller, B.; Scheuring, L. (Hrsg.): Denkmal und Energie 2020. Wiesbaden, Springer Vieweg, 2020, ISBN 978-3-658-28752-8, DOI https://doi.org/10.1007/978-3-658-28753-5

Holstein, P., Bader, N., Schreiber, C., Döbler, D., Hoffmann, T. (2021). Vergleich der Aussagen unterschiedlicher Verfahren zur Bewertung der energetischen Dichtheit – Blower-Door-Test und akustische Verfahren, Springer Fachmedien Wiesbaden GmbH, ein Teil von Springer Nature 2021B. Weller und L. Scheuring (Hrsg.), Denkmal und Energie 2021, https://doi.org/10.1007/978-3-658-32248-9_16

Merkel, H. (2020). Anforderungen an Blower-Door-Messungen, Der Bauschaden, April/ Mai 2020, Download 01.10.2020

Möser , M. (2015). Technische Akustik 10. Aufl. Springer Vieweg, Berlin, Heidelberg, ISBN 978-3-662-47703-8

Raabe, A., Barth, M., Holstein, P. (2014). Akustische Tomografie und Raumklimatisierung Journal Scientific Reports, Journal of the University of Applied Sciences Mittweida, Nr. 5 2014 42 43

Raabe A., Holstein P. (2020). Akustische Tomografie und Raumklimatisierung. In: Weller B., Scheuring L. (eds) Denkmal und Energie 2020. Springer Vieweg, Wiesbaden. https://doi. org/10.1007/978-3-658-28753-5_9

Raabe A., Starke M., Ziemann A. (2021): Acoustic Tomography In: Foken T. (ed.), Handbook of Atmospheric Measurements. Chapt. 35, 1093–1117, Springer doi https://doi.org/10. 1007/978-3-030-51171-4_35

Radgen, P., Blaustein, E. (2001). Compressed Air Systems in the European Union – Energy Emissions Savings Potential and Policy Actions. Stuttgart: LOGUL X Verl., 162 S.

Treeby, B.E., Cox, B.T. (2010). k-Wave: MATLAB toolbox for the simulation and reconstruction of photoacoustic wave-fields. J. of Biomedical Optics, 15(2), 021314 (2010). https:// doi.org/10.1117/1.3360308

Ziemann, A., Starke, M., Schütze, C. (2017). Line-averaging measurement methods to estimate the gap in the CO_2 balance closure – possibilities, challenges, and uncertainties Atmos. Meas. Tech. 10 4165 4190 https://doi.org/10.5194/amt-10-4165-2017

Links zur Ultraschallprüftechnik und zur akustischen Kamera:

GFaI 2020, https://www.gfai.de, abgerufen am 01.12.2020

FIBO 2019, https://www.acoustic-camera.com/fileadmin/acoustic-camera/support/downlo ads/data-sheets/Arrays/V-VO-DatasheetFibonacci_04-016.pdf, abgerufen am 17.09.2019

MIKA 2020, https://www.gfai.de/entwicklungen/signalverarbeitung/mikado , abgerufen am 01.12.2020

SONOTEC, https://www.sonotec.com; https://www.leakworx.com, abgerufen am 01.12.2020

Information zu gesetzliche Regelungen und Normen

BWE 2015, Energieeffizienzstrategie Gebäude, Wege zu einem nahezu klimaneutralen Gebäudebestand, Bundesministerium für Wirtschaft und Energie (BMWi), Hrsg. 18.11.2015, Zugriff 1.11.2020 (pdf), https://www.bmwi.de/Redaktion/DE/Publikationen/Energie/ene rgieeffizienzstrategie-gebaeude.html

DENA 2016, Der DENA-Gebäudereport 2016, Statistiken und Analysen zur Energieeffizienz im Gebäudebestand, Deutsche Energie-Agentur, ISBN 978-3-981-5854-3-8

DENA 2018, Der DENA-Gebäudereport Kompakt 2018, Statistiken und Analysen zur Energieeffizienz im Gebäudebestand, Deutsche-Energie-Agentur GmbH (dena) (Hrsg.), download 20.11.2020 https://www.dena.de/newsroom/publikationsdetailansicht/pub/bro schuere-dena-gebaeudereport-kompakt-2018/

EnEG 2013, Energieeinsparungsgesetz, Bundesgesetzblatt Jahrgang 2013 Teil I Nr. 36, ausgegeben zu Bonn 12.07.2013

EnEV 2014, Energieeinsparverordnung vom 24. Juli 2007 (BGBl. I S. 1519), die zuletzt durch Artikel 1 der Verordnung vom 18. November 2013 (BGBl. I S. 3951) geändert worden ist"

EEWärmeG 2011, Erneuerbare-Energien-Wärme-Gesetzes, Bundesgesetzblatt Jahrgang 2011 Teil I, Nr. 17, ausgegeben zu Bonn 15.04.2011

GEG 2020, Gesetz zur Einsparung von Energie und zur Nutzung erneuerbarer Energien zur Wärme- und Kälteerzeugung in Gebäuden (Gebäudeenergiegesetz–GEG), Bundesgesetzblatt Jahrgang 2020 Teil I Nr. 37, ausgegeben zu Bonn am 13.08.2020

DIN EN 15251:2012-12, Eingangsparameter für das Raumklima zur Auslegung und Bewertung der Energieeffizienz von Gebäuden

DIN EN ISO 7730:2006-05, Ergonomie der thermischen Umgebung - Analytische Bestimmung und Interpretation der thermischen Behaglichkeit.

Printed in the United States
by Baker & Taylor Publisher Services